张正富　王克伟　公彦利　主编

化学工业出版社

·北京·

内 容 简 介

本书采用全彩图解+视频讲解的形式，通过生动有趣的童话探秘之旅，介绍了利用JoyFrog（呱比特手柄）和Kittenblock进行人工智能项目开发的思路及技巧。

全书共18课，涵盖以下知识点：百度大脑中的文字朗读、语音识别、图形识别、文字识别、人脸识别和写诗写春联等，FaceAI中的人脸、微笑、年龄、性别等的检测，机器学习中的图像分类、特征提取、PoseNet、涂鸦RNN绘画、和风天气等。本书以STEM教育为理念，在玩中学，每个实例都按照“做—试—创”循序渐进的思路进行设计，使知识和技能的学习螺旋式上升。

本书适合中小学师生、人工智能初学者等学习使用，也可以用作相关培训机构的教材及参考书。

图书在版编目（CIP）数据

边玩边学人工智能：给孩子的18堂AI启蒙课 / 张正富，王克伟，公彦利主编. —北京：化学工业出版社，2022.8

ISBN 978-7-122-41438-0

Ⅰ. ①边… Ⅱ. ①张… ②王… ③公… Ⅲ. ①人工智能-儿童读物 Ⅳ. ①TP18-49

中国版本图书馆 CIP 数据核字（2022）第 085768 号

责任编辑：耍利娜　　文字编辑：林　丹　师明远
责任校对：边　涛　　装帧设计：水长流文化

出版发行：化学工业出版社（北京市东城区青年湖南街 13 号　邮政编码 100011）
印　　刷：北京云浩印刷有限责任公司
装　　订：三河市振勇印装有限公司
710mm × 1000mm　1/16　印张 15½　字数 149 千字　2022 年 10 月北京第 1 版第 1 次印刷

购书咨询：010-64518888　　售后服务：010-64518899
网　　址：http://www.cip.com.cn
凡购买本书，如有缺损质量问题，本社销售中心负责调换。

定　　价：79.00 元

本书编写人员名单

主　编　张正富　（临沂龙腾小学）

王克伟　（临沂龙腾小学）

公彦利　（临沂桃园中学）

副主编　马丽丽　（沂水县第七实验小学）

陈秀军　（临沂市罗庄区沂堂镇中心小学）

李志强　（临沂实验学校）

参　编　张　璜　伍锦城　陈伟豪　闵汶利　冯启蒙

（深圳市小喵科技有限公司）

刘清晨　时　菲　齐明沙　武玉芳　李蕾蕾

（临沂龙腾小学）

陈宏敏　范　伟　于　敏　寇　超

（临沂高都小学）

朱丙飞　（临沂傅庄中心小学）

杨家起　（临沂高都中学）

周志鹏　（临沂孟园实验学校）

陈乃全　（临沂第二十三中学）

王烁晗　（临沂银雀山小学）

杨海洲　王鑫鑫　（临沂第二十一中学）

吴宗宝　（临沂第七实验小学）

前言

图形化编程作为中小学生学习编程的主要入门方法，越来越受到广大教育工作者及编程爱好者的青睐。目前，中小学使用的图形化编程软件大体分为两类：一类是基于Scratch开发的图形化编程软件，如Kittenblock、Mind+、Scraino、慧编程等；另一类是基于Blockly开发的图形化编程软件，如米思奇、Ardublock等。自2017年国务院发布《新一代人工智能发展规划》以来，人工智能教育和编程教育的课程已经被多个省市写入了中小学的信息技术教材。由此可见，编程教育在中小学教育阶段越来越受到重视。

Kittenblock是深圳市小喵科技有限公司（以下简称“小喵科技”）于2016年自主开发的一款图形化编程软件。除了对基本的Micro:bit、Arduino等开源硬件的在线离线编程支持外，Kittenblock还涵盖了语音、视觉、机器学习三方面的八大人工智能插件，人工智能、机器学习、物联网、Python等技术也已经集成在Kittenblock中，简单易用，可以实现大部分现实生活中常用的人工智能功能。丰富齐全的插件，让用户无须频繁更换软件，同时可以打破知识孤岛，降低用户的学习成本和门槛，让用户更专注于创意项目制作。

JoyFrog（呱比特手柄）是小喵科技推出的一款青蛙外

形、简单易用的测控手柄。它既可以在Kittenblock中作为编程主板独立使用，也可以连接Micro:bit，作为Micro:bit的游戏手柄扩展板使用。当JoyFrog作为主控板时，只需要使用USB线与电脑连接，就可以在Kittenblock中控制舞台角色；无须手动安装驱动，就可以连接多种常见传感器，从而与Kittenblock的舞台进行交互；丰富且易用的功能能够帮助用户快速上手，非常适合低龄儿童。

本书使用Kittenblock图形化编程平台，以JoyFrog作为主控板，采用童话故事的形式，以主人公“果果”和“可可”参观“糖果小镇”为故事背景，从参观者的视角讲述了在不同的场景中应用不同人工智能技术的方法。JoyFrog与Kittenblock的互动使学习过程更加有趣。

全书共18课，每课的“小喵科技站”都会对本课所使用的新知识点进行介绍；“小试牛刀”环节由浅入深地进行案例的练习，在练习的过程中掌握本课的新知识；然后通过“挑战自我”环节进行较复杂任务的挑战，巩固基础知识的同时，也能加深对知识的理解运用；再通过“拓展练习”进一步扩展思维，对学习内容进行总结提升；最后的“糖果能量站”主要介绍与本课相关的人工智能知识，是对本课知识的补充和扩展，读者可以通过该部分的学习对人工智能知识有更加深入的了解，从而提升自我。

本书插图鲜艳明亮，两位小主人公皆为原创，活泼可爱，对话浅显易懂，情节有趣，非常适合孩子们自主学习，让孩子们在读故事的过程中学到知识，掌握人工智能的前沿科技，激发探索新事物的兴趣。

由于编者时间和水平有限，书中不足之处在所难免，望广大读者批评指正。

编者

目录

引言 故事开始

本书人物介绍

果果

一个聪明伶俐的小男孩，喜欢旅行，喜欢学习新知识、体验新技术。在后面，他将与可可一起完成糖果小镇的人工智能之旅。

可可

果果的旅行小伙伴。在人工智能的探索之旅中，她和果果一起携手旅行，一起面对困难、解决问题。

小喵

爱发问的可爱小猫，在果果、可可遇到难题的时候，它会第一个站出来请教糖果老人，是糖果小镇里出色的导游。

糖果老人

无所不知的人工智能专家，他专业的解答，让果果、可可学习了最新的人工智能技术，使其在糖果小镇旅行畅通无阻。

在不远的地方，有一个糖果小镇。这个小镇不仅有着如画的山水风景，还有着让人垂涎三尺的糖果美食。更重要的，它还是一个人工智能特色小镇！果果、可可早就被小镇的人文科技魅力所吸引。假期如期而至，果果和可可收到了一份特殊的礼物，糖果小镇慈祥的镇长糖果老人邀请他们去游玩。这是多么激动人心的邀请，不过去参观之前，糖果老人提醒他们一定要仔细阅读邀请函，邀请函里有一个Kittenblock软件的安装程序，还藏着其他人工智能技术的秘密呢！这到底是怎么一回事？让我们和果果、可可、小喵、糖果老人一起开启人工智能探秘之旅吧！

程序安装

果果赶紧拿出随身携带的电脑，按照邀请函里的提示找寻Kittenblock的安装方法。

第一步 到kittenbot网站下载软件

在浏览器地址栏中输入http://www.kittenbot.cn，打开网站，点击“软件”，如下图所示。

第二步 下载软件

找到Kittenblock。它是一款小喵科技出品的基于Scratch3.0的编程软件，凭借着强大的功能在短短2年内便积累了300多万用户。它除了提供基本的如Micro：bit、Arduino等开源硬件的在线及离线编程支持外，还涵盖许多实用的插件，如IoT（物联网）、机器学习、人工智能等。

① 点选“立即下载”，如下图所示。

② 进入下载链接界面，如下图所示。

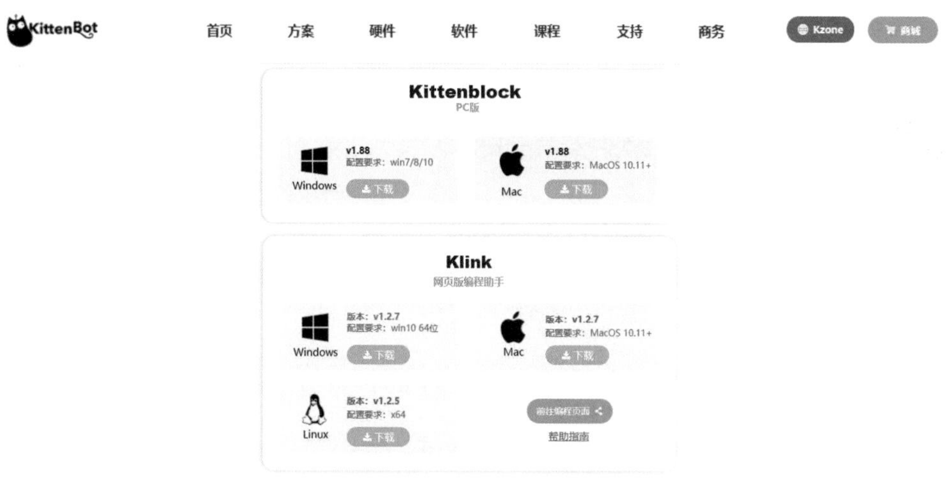

③ 选择Windows系列，v1.88安装包（以实际的最新版本为准）。

④ 下载安装包到指定位置。

第三步 安装软件

下载后，双击安装程序的图标（如右图）进行安装。安装过程中，如果有杀毒软件提示“安全警告，您确定要运行此软件吗？”允许运行即可，也可以关闭杀毒软件再安装。

在电脑中选择默认的安装位置，如右图所示（尽可能安装在英文目录下，中文目录中的软件有时候会出现一些问题）。

Kittenblock 安装

选定安装位置

选定 Kittenblock 要安装的文件夹。

Setup 将安装 Kittenblock 在下列文件夹。要安装到不同文件夹，单击［浏览(B)...］并选择其他的文件夹。 单击［安装(I)］开始安装进程。

目标文件夹

C:\Program Files (x86)\Kittenblock　浏览(B)...

Kittenblock 1.8.7

安装(I)　取消(C)

终于安装完成了，快打开看看。

咦？怎么回事？打不开软件！

快点看看邀请函上软件安装的提示。

找到原因了，原来是因为管理员权限不够。只要右击Kittenblock的快捷方式，然后更改程序的兼容性与权限就可以了。

果果迅速调整，很快就成功打开了界面，如下图所示。“耶！”两个小伙伴高兴地跳了起来。

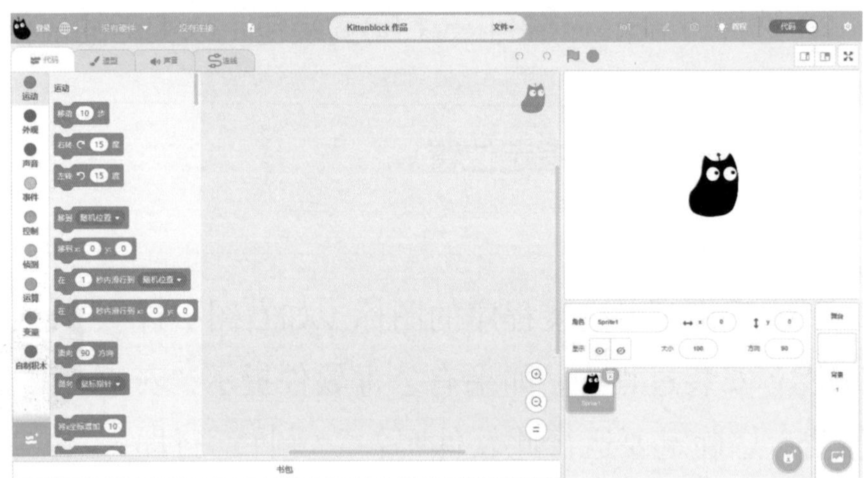

揭开Kittenblock的神秘面纱

果果、可可顺利地打开了Kittenblock软件（见下页图），发现软件界面和自己熟悉的Scratch非常相似，心中暗暗惊喜：这下我们可以好好发挥编程技术了！“欢迎你们！可爱的孩子！”正在这时，糖果小镇的糖果老人专程来欢迎他们了。

快看，软件右边有一只小猫，它是谁啊？

这是你们游览糖果小镇的导游小喵，游览期间我和它会随时出现在你们的身边。

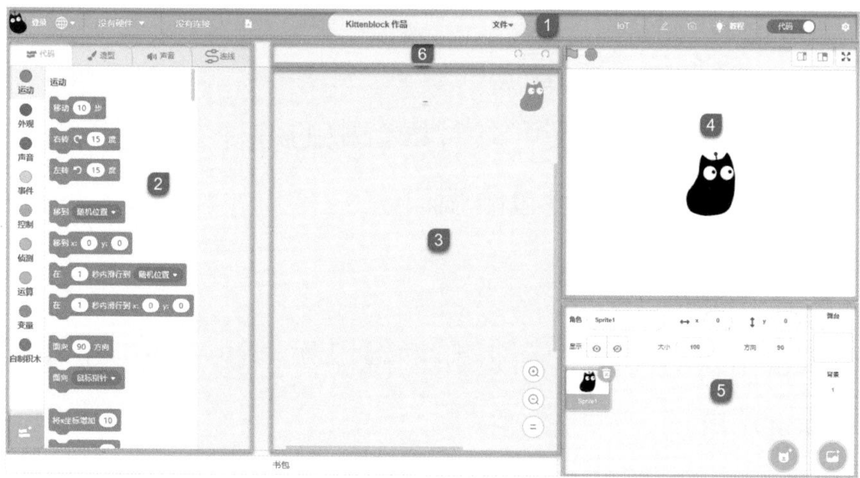

标签1 顶部菜单栏

在顶部的菜单栏里可以选择硬件、通信方式，进行网络配置，还包括各种快捷按钮、设置和更新入口。

标签2 编程控制区

编程控制区里包含图形化块（代码源）和用于切换工作区的栏目。

标签3 工作区

可以将图形化块拖拽到工作区，切换角色的时候会自动切换对应的代码，工作区的代码可以生成对应的C++、Python或js代码。

标签4 舞台

可以通过工作区的代码控制舞台中的角色，可以通过界面右下角的两个按钮添加各类角色或者背景，通过顶部菜单栏的代码切换开关还可以将舞台变成代码模式。

标签5 舞台元素配置

通过舞台元素配置可以对舞台中的各种元素进行配置，给每个角色配置独立的通信端口。

标签6 辅助控制

在这个标签上包含后退和重做操作、快速帮助按钮、舞台Python入口。

Kittenblock软件打破了知识技术孤岛，是一款可以循序渐进学习的图形化编程软件。小喵科技出品的Kittenblock软件已经覆盖了从小学到中学再到大学的教育范围。初级阶段，用户可以使用Scratch图形化积木块进行编程；水平达到一定程度后，用户可以使用C++或Python进行编程，慢慢从图形化编程转换到编程语言编程，这个过程中无须切换软件，可以实现图形化编程到编程语言编程的“软着陆”。

人工智能探未来

谢谢您的邀请！接下来我们要随着小喵游览这个人工智能特色小镇了，会用到哪些知识呢？我们想提前准备一下。

哈哈，好的，小镇到处都运用了人工智能技术，相信你们会有非常奇妙的体验。

可是我还不清楚什么是人工智能呢？

简单来说，人工智能就是以与人类智能相似的方式做出反应的智能机器，主要包括智能机器人、语音识别、图像识别、自然语言处理和专家系统等。

听起来好酷啊，可以具体讲解一下我们在糖果小镇要用到的人工智能技术吗？

好的，那我们就先了解人工智能在Kittenblock中的插件吧（如下图所示）。

接下来，你们要用到涉及人工智能的知识，有以下几大类。

（1）文字朗读

文字朗读在百度大脑插件中，它是最基础的人工智能插件。我们日常生活中的排队叫号、车站播报、高铁报站等，或者是智能机器人与人的语音交互，都是以文字朗读为底层技术实现的。文字朗读，也称语音合成，还被称为文本转换技术（TTS）。它是将计算机自己产生的或外部输入的文字信息转变为人们可以听得懂的、流利的口语而后输出的技术，就是将文字转换成语音。本文字朗读插件除了支持中文朗读，还支持多种语言朗读。

（2）语音识别

语音识别也在百度大脑插件中，麦克风将声波转换为电信号，计算机把电信号存储为音频文件，将其数字化，再对数字语音信号进行处理，进行特征提取，根据语言模型进行匹配，最后“听懂”数字语音的意思。

（3）机器翻译

机器翻译（machine translation），又称自动翻译，是利用计算机把一种自然源语言转变为另一种自然目标语言的过程，一般指自然语言之间句子和全文的翻译。

（4）人脸识别

人脸识别是一种基于人的脸部特征信息进行身份识别的生物识别技术。原理可以简单理解为通过大量样本进行标定，而后建立模型，再用摄像头采集含有人脸的图像或视频流数据，进而对人脸数据进行有针对性的识别处理，得到数据反馈。

（5）人脸追踪

人脸追踪属于一种特性物体的识别。根据人脸的生物属性，对识别点进行标定，对应地将位置信息反馈回来。人脸追踪一般在科幻电影中用得比较多，例如《金刚》中的大猩猩表情如此生动、丰富，就是将人脸的关键点映射到3D建模的大猩猩上，如下图所示。

（6）机器学习

MobileNet是一种机器学习模型，经过训练可识别某些图像的内容，允许人们使用KNN分类器在网络摄像头图像上训练“Rock Paper Scissor”分类器。SketchRNN是一个神经网络模型，它的训练集来自谷歌的猜画小歌。PoseNet是一种允许实时人体姿势估计的机器学习模型，可用于估计单个姿势或多个姿势，这意味着有一种算法能检测一个人在图像或视频中的姿势，也可以检测图像或视频中的多个人的姿势。

看起来知识点有点多，别担心，沿着果果和可可的学习路径，一定能精通这些人工智能的知识。

小小青蛙来助力

我还为你们邀请了一个帮手——呱比特（见下图），有些时候它可以帮助你们。

太好了，谢谢您，糖果老人。您能给我们介绍一下它吗？

好的，那我就介绍你们和呱比特（青蛙手柄，JoyFrog）认识一下吧。

JoyFrog

青蛙手柄是小喵科技推出的一款简单、易用、兼容Makecode编程的多功能交互手柄，与Micro：bit结合能拓展成遥控手柄来使用，在Kittenblock中可作为编程主板独立使用。它接插在计算机上，无须手动安装驱动，可自动识别为HID（类似键盘）输入设备。它的摇杆可上下左右控制计算机光标的移动，摇杆按下为空格输入。右侧按键X、Y、A、B分别对应键盘上的X、Y、A、B。金手指1～8号可触摸，分别对应键盘数字键1～8，在Kittenblock中可直接使用。

针对青蛙手柄与Kittenblock的串口通信，需要提前安装一个串口驱动。如果不安装驱动，它只能当作一个键盘外设与Kittenblock进行交互（红外功能与3PIN接口无法进行通信）。连接后，蜂鸣器会发出一首短曲，证明USB连接成功。连接稳定后，中间的蓝灯常亮、右侧的红色电源灯常亮时，硬件为正常。

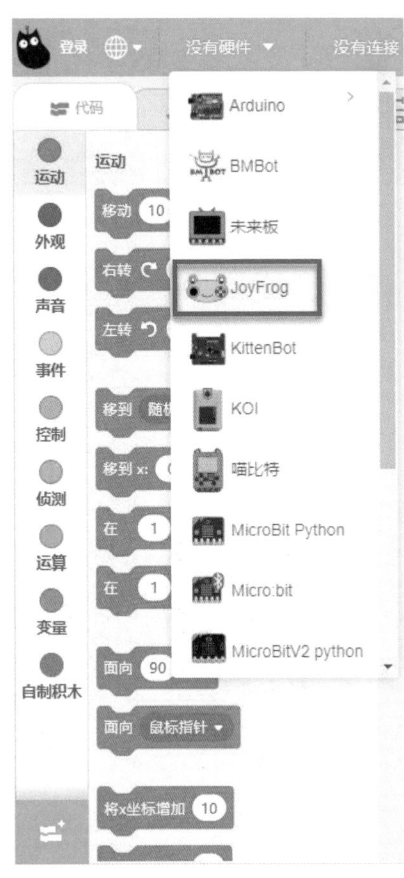

选择硬件，如右图所示。

还需要与呱比特进行串口连接。点击“没有连接”，找到呱比特的接口，单击连接即可，如下图所示。至此，我们已经可以与呱比特进行互动了。

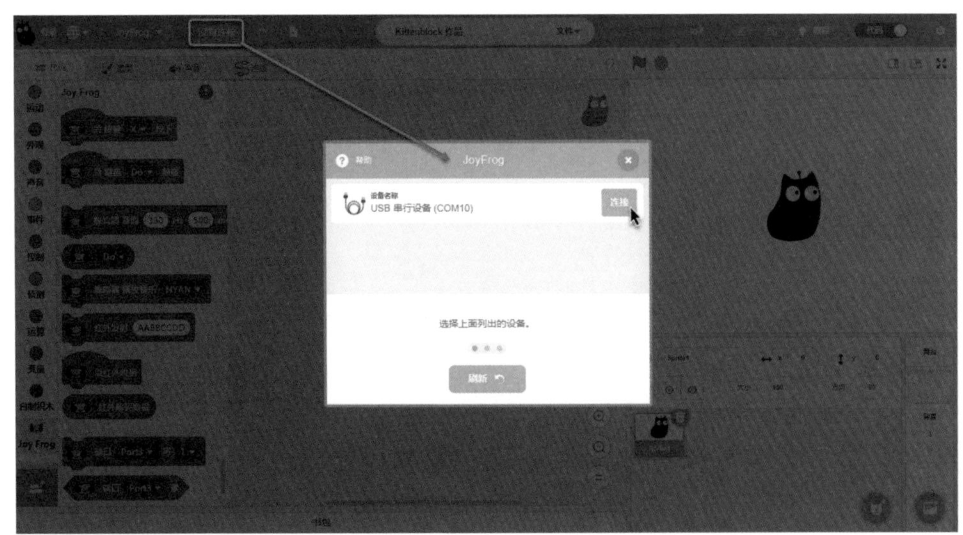

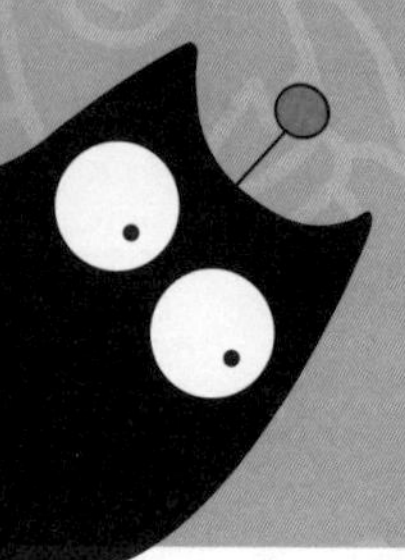

1 来自远方的邀请

果果、可可收到的邀请函里，有糖果小镇的探秘行动指南——Kittenblock安装方法。其实，邀请函里还有神秘的东西等待着他们去探索。这封邀请函的上面有糖果老人诚挚的邀请：

果果、可可：诚挚地邀请你们到糖果小镇参观游玩。

它还是一封可以语音播报的邀请函。“这是怎么做到的呢？”果果好奇地问。可可调皮地说：“有问题找我们的导游——小喵，让我们和小喵一起学习语音邀请函的制作方法吧！”

小喵科技站

在小喵科技站里，我们会一步步地学习添加“百度大脑”（BaiduAI）插件，还会了解插件里每块积木的功能，并使用这些积木编写出自己的朗读脚本。

我们先来添加“百度大脑”。单击Kittenblock项目编辑器左下角的“添加扩展”按钮，如下图所示，会弹出“选择一个扩展”窗口。

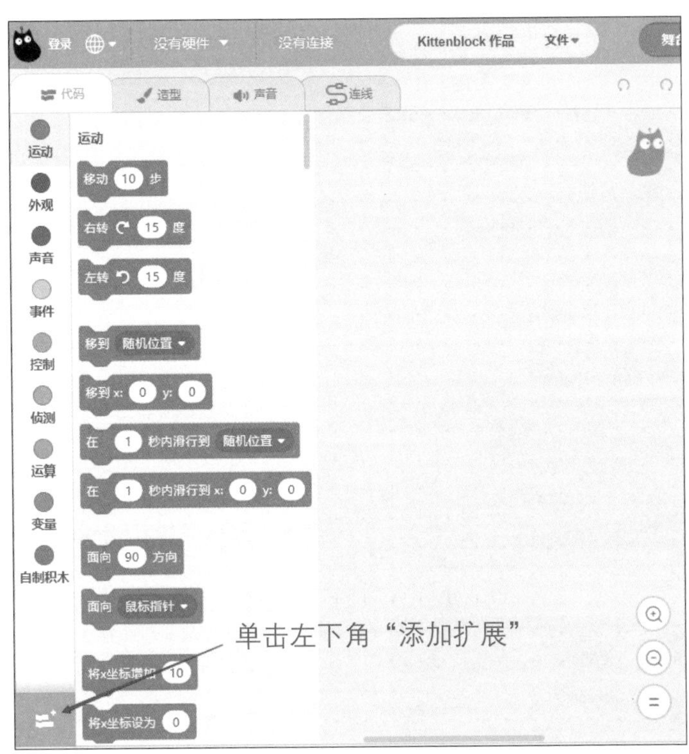

接下来从打开的“选择一个扩展”窗口中选择“人工智能”。选择“百度大脑”插件，在积木类型列表中就会出现

“百度大脑”类别。如下图所示：

“百度大脑”插件

加载成功后，单击“BaiduAI”模块，出现关于文字朗读的所有积木。如下图所示：

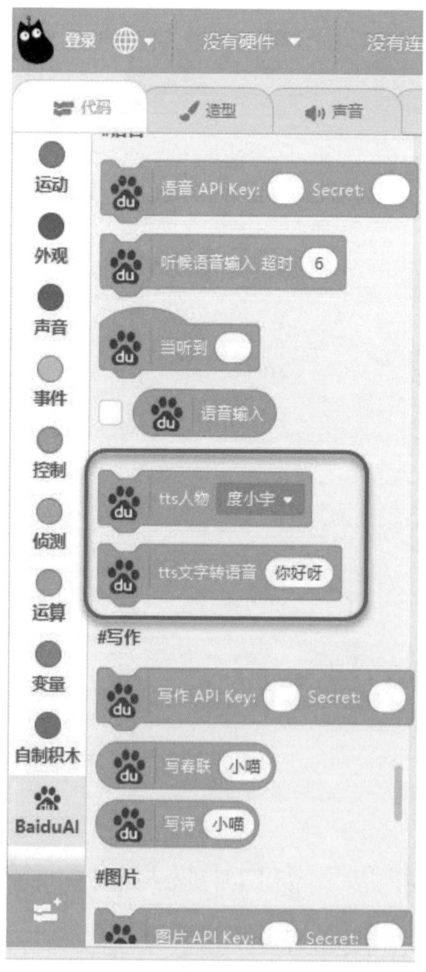

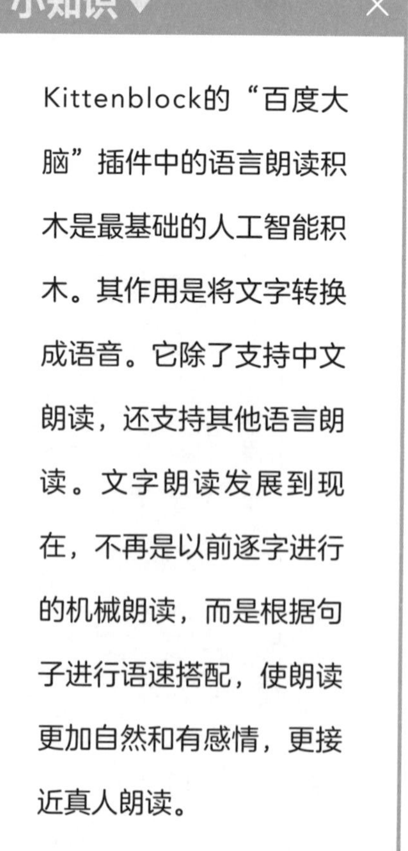

小知识

Kittenblock的“百度大脑”插件中的语言朗读积木是最基础的人工智能积木。其作用是将文字转换成语音。它除了支持中文朗读，还支持其他语言朗读。文字朗读发展到现在，不再是以前逐字进行的机械朗读，而是根据句子进行语速搭配，使朗读更加自然和有感情，更接近真人朗读。

积木具体描述如下表所示：

积木	积木描述
tts人物 度小宇 ▾	选择不同的人物（语音方式）朗读文本
tts文字转语音 你好呀	TTS文字转语音朗读

小试牛刀

计算机没有连接互联网的情况下能用文字朗读吗？

这样是不能使用文字朗读积木的，因为朗读的语言依赖于人工智能云端服务器，本地计算机只是将最终传输的语音播放出来。

下面我们来做简单的项目。

• 使用中文朗读

在这个项目中，我们来编写一个中文朗读的例子。使用人物“度小宇”朗读“来自远方的邀请”。

先从背景库中添加“Spaceship”背景。使用默认的小猫角色，并将角色名称修改为小喵。然后选中小喵角色，开始编写脚本，此脚本只有一段。当脚本开始运行的时候，度小宇朗读“来自远方的邀请”。脚本如右图所示：

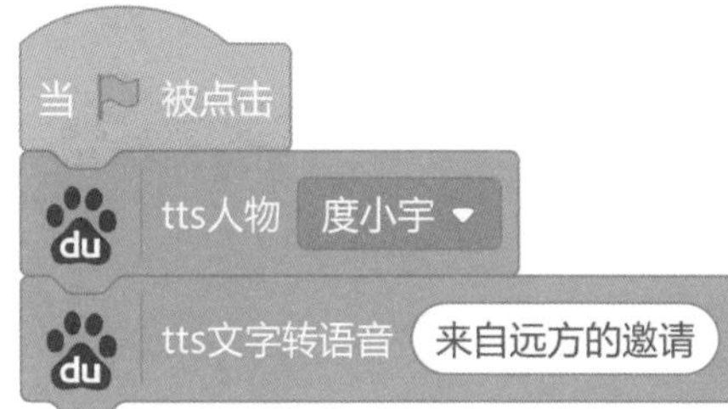

通过设置BaiduAI的自动识别功能，小喵就可以用中文来朗读文字了，如下图所示。赶快试一试中文朗读吧！

- **多人物朗读**

在前面的项目中，我们成功地让“度小宇”使用中文来朗读文本内容，机器朗读的语音是不是很有趣？下面试一试换成“度小美”和“度逍遥”用“英语”和“法语”来读一读。

先从背景库中添加“Space”背景。使用默认的小猫角色，并将角色名称修改为小喵。然后选中小喵角色，开始编写脚本，此脚本共有两段。

第一段脚本，将朗读内容“来自远方的邀请”翻译为英文“Invitations from afar”，当按下“1”键的时候，让“度小美”来朗读英语。脚本如下图所示：

第二段脚本，将朗读内容“来自远方的邀请”翻译为法文Invitation de loin”，当按下“2”键的时候，让“度逍遥”来朗读法语。脚本如右图所示。

这个实例通过设置不同的朗读语言，展示了文字朗读积木最基本的用法。快按下“1”键和“2”键，使用不同的朗读语言来朗读吧！效果如下图所示：

挑战自我

• 思维向导

这里我们制作一封可以朗读的邀请函。加载文字朗读插件，导入“邀请函”背景，使用小喵角色，当按下呱比特X/

Y/A/B键的时候，邀请函上将显示“果果、可可：诚挚地邀请你们到糖果小镇参观游玩！”，小喵会用中文朗读出来。

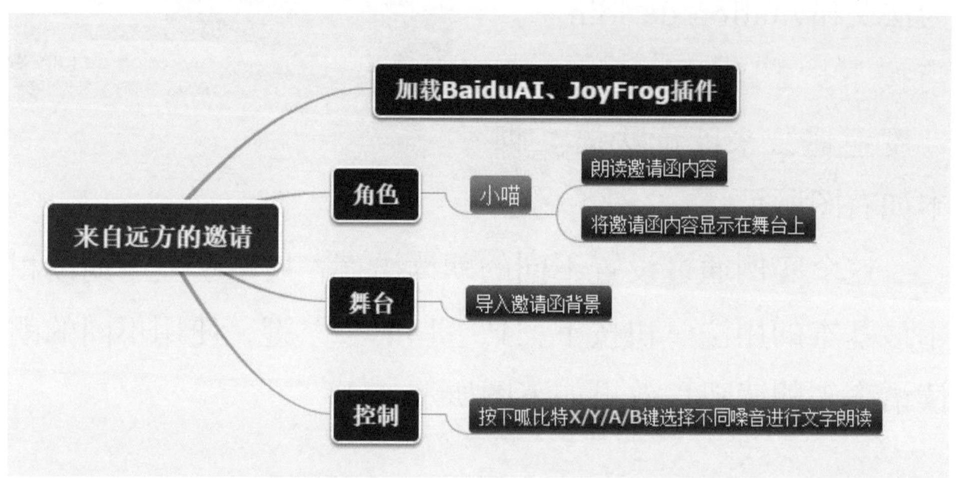

- **创建背景和角色**

我们先来创建舞台，单击“选择一个背景”，选择“上传背景”，从本地文件夹中选择“邀请函.jpg”并上传。背景如下图所示：

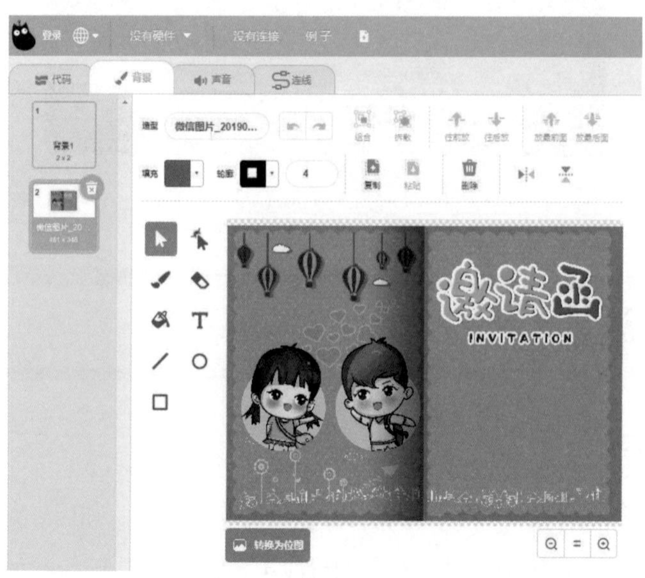

接着，我们来创建角色。使用默认的角色“角色1”——小喵，移动到合适位置，并调整至适宜大小。如下图所示：

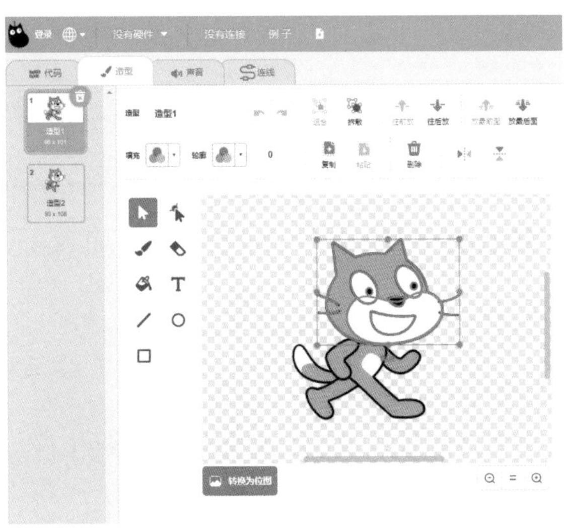

我们将呱比特主控板与计算机连接，然后选择“没有硬件”中的“JoyFrog”，接着选择连接串口，当显示“已连接”，点击“返回编辑器”即可完成呱比特的连接。如下图所示。

最后加载BaiduAI插件，加载方法前文已进行详细讲解，这里不再赘述。

- **搭建脚本**

下面我们来搭建小喵脚本，具体步骤如下。

（1）把邀请函上的文字显示到舞台上

我记得“外观”模块中有一块 

积木，可以把邀请函上的文字显示到舞台上。

你的记忆力真好，通过这块积木可以实现你想要的预期效果。

角色	脚本	预期效果
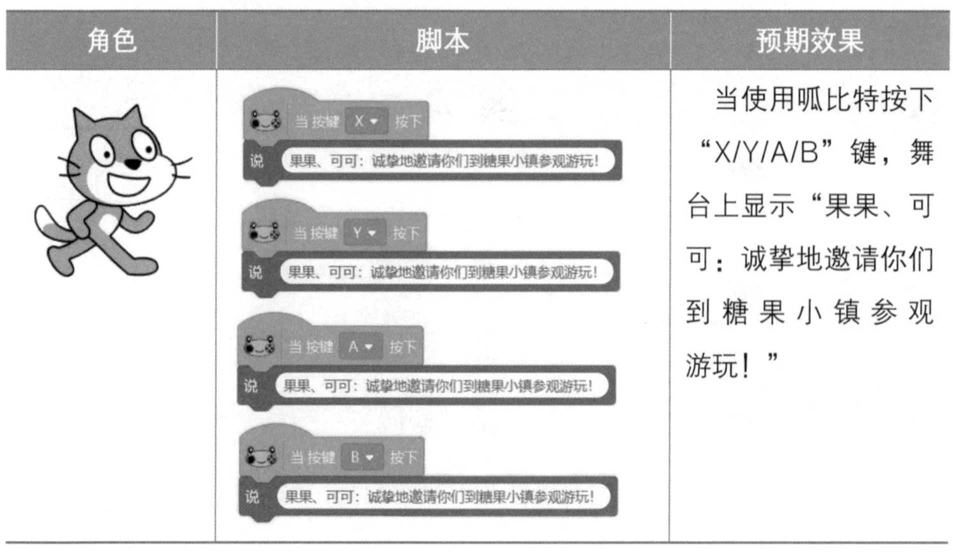	当按键 X 按下 说 果果、可可：诚挚地邀请你们到糖果小镇参观游玩！ 当按键 Y 按下 说 果果、可可：诚挚地邀请你们到糖果小镇参观游玩！ 当按键 A 按下 说 果果、可可：诚挚地邀请你们到糖果小镇参观游玩！ 当按键 B 按下 说 果果、可可：诚挚地邀请你们到糖果小镇参观游玩！	当使用呱比特按下“X/Y/A/B”键，舞台上显示“果果、可可：诚挚地邀请你们到糖果小镇参观游玩！”

（2）朗读邀请内容

文字朗读积木能把文字转化为语音，那我们就切入主题，让它读起来好吗?

没问题，有了好的想法就大胆地去探究和实践。

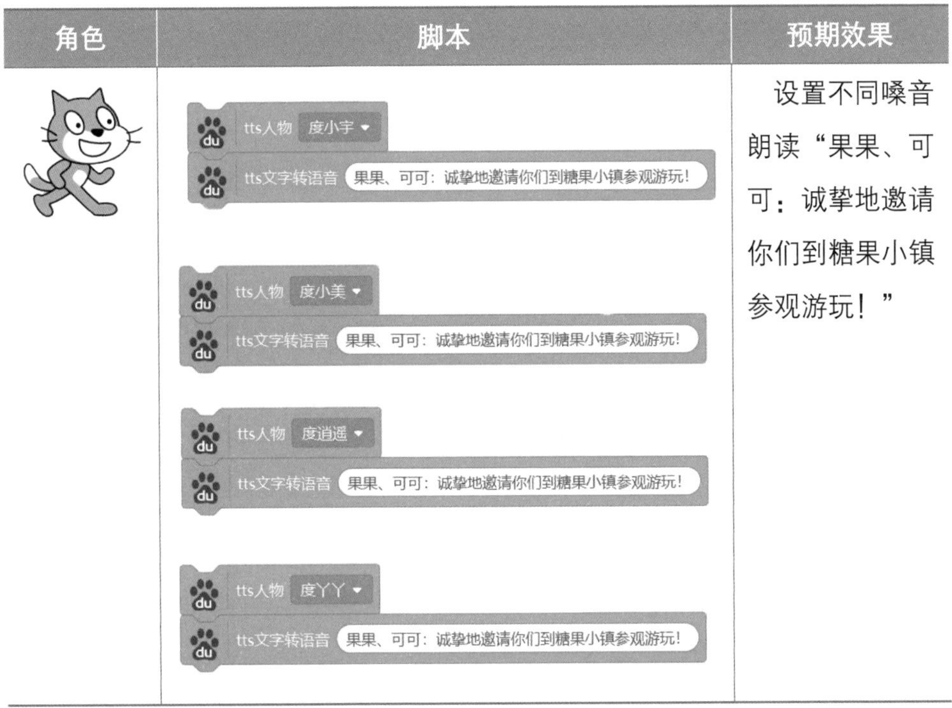

角色	脚本	预期效果
	tts人物 度小宇 tts文字转语音 果果、可可：诚挚地邀请你们到糖果小镇参观游玩！ tts人物 度小美 tts文字转语音 果果、可可：诚挚地邀请你们到糖果小镇参观游玩！ tts人物 度逍遥 tts文字转语音 果果、可可：诚挚地邀请你们到糖果小镇参观游玩！ tts人物 度丫丫 tts文字转语音 果果、可可：诚挚地邀请你们到糖果小镇参观游玩！	设置不同嗓音朗读“果果、可可：诚挚地邀请你们到糖果小镇参观游玩！”

好了，我们的任务完成了！当按下呱比特“X/Y/A/B”键时，舞台上显示并朗读出“果果、可可：诚挚地邀请你们到糖果小镇参观游玩！”完整的脚本如下所示：

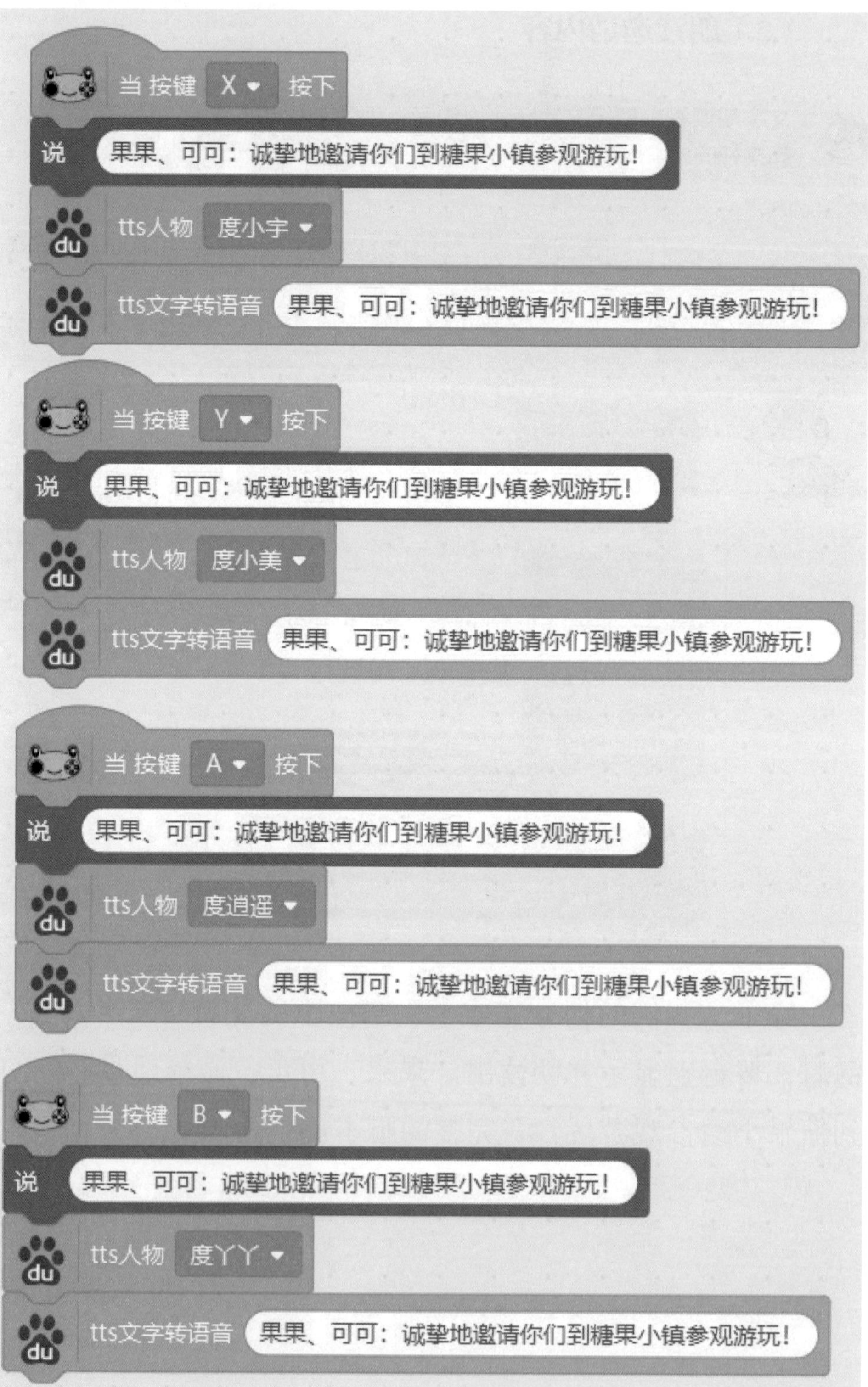
当 按键 X 按下
说 果果、可可：诚挚地邀请你们到糖果小镇参观游玩！
tts人物 度小宇
tts文字转语音 果果、可可：诚挚地邀请你们到糖果小镇参观游玩！
当 按键 Y 按下
说 果果、可可：诚挚地邀请你们到糖果小镇参观游玩！
tts人物 度小美
tts文字转语音 果果、可可：诚挚地邀请你们到糖果小镇参观游玩！
当 按键 A 按下
说 果果、可可：诚挚地邀请你们到糖果小镇参观游玩！
tts人物 度逍遥
tts文字转语音 果果、可可：诚挚地邀请你们到糖果小镇参观游玩！
当 按键 B 按下
说 果果、可可：诚挚地邀请你们到糖果小镇参观游玩！
tts人物 度丫丫
tts文字转语音 果果、可可：诚挚地邀请你们到糖果小镇参观游玩！

快运行一下，让小喵朗读邀请函的内容给你听吧！

拓展练习

（1）精简语句朗读

精简语句，用最少的语句实现文字朗读。尝试进行嗓音及语种的优化。

（2）诗歌接龙

使用呱比特设置A、B、C、D四个角色，每个角色设置一条朗读语句，预期效果为：

按下A键，A角色朗读：床前明月光；

按下B键，B角色朗读：疑是地上霜；

按下X键，C角色朗读：举头望明月；

按下Y键，D角色朗读：低头思故乡。

糖果能量站

文字朗读，也称语音合成，还被称为文本转换技术（TTS）。它是将计算机自己产生的或外部输入的文字信息转变为人们可以听得懂的、流利的口语而后输出的技术。国内文字朗读做得比较出色的两家企业是科大讯飞与百度。现在，文字朗读和文字翻译、语音识别等结合在一起，被广泛应用在各个领域。

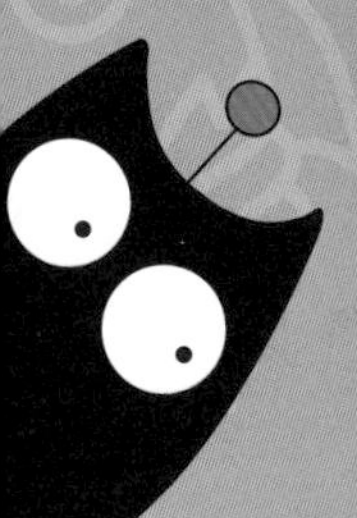

2 芝麻开门妙趣多

根据小喵的导引，果果和可可来到了糖果小镇，首先映入眼帘的是一扇巨大的城门。“好大的城门呀！”果果感叹道。可可同样感到惊叹，她不禁提出了疑问：“这么大的城门，平时是怎么打开的？”看着两个可爱的孩子，糖果老人哈哈大笑道：“这可是有诀窍的，别忘了我们是科技小镇，我们的城门是用语音控制的！”

小喵科技站

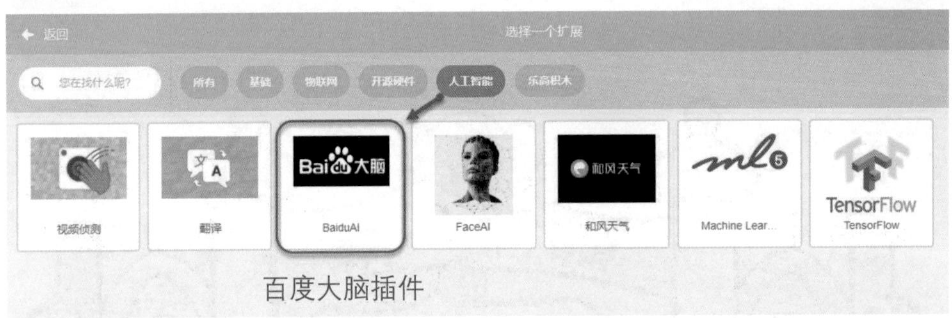

百度大脑插件

在小喵科技站里，我们首先来添加扩展，单击Kittenblock项目编辑器左下角的“添加扩展”按钮，会弹出“选择一个扩展”窗口。从打开的“选择一个扩展”窗口中选择“人工智能”，接着选择“百度大脑”插件，在积木类型列表中就会出现“BaiduAI”类别。添加“百度大脑”插件如上图所示。

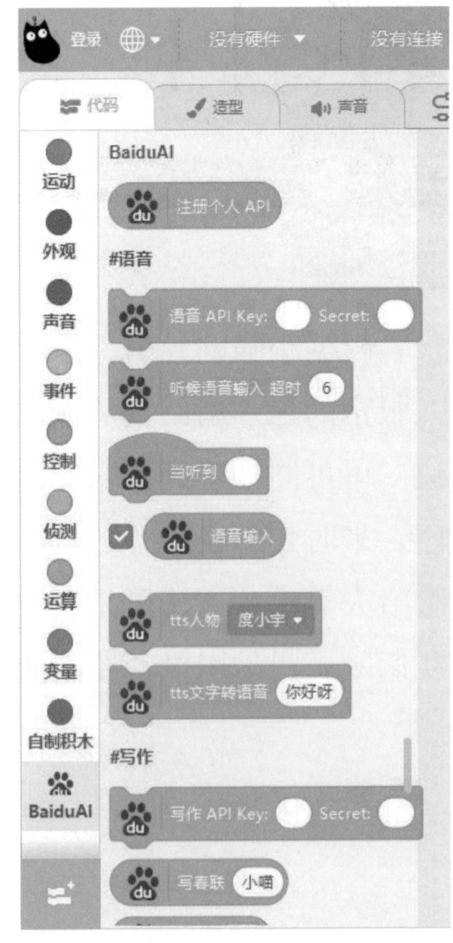

加载成功后，单击“BaiduAI”模块，出现百度大脑的所有积木。如右图所示。

小知识

百度大脑积木包含语音识别、写春联、写诗、识别物品等相关积木。本章只使用百度大脑插件中的三个语音识别积木。语音识别的作用和文字朗读相反，它是将语音转换成文字。其工作原理是机器先对语音信号进行数字化处理、特征提取等操作，然后和语言模型进行匹配，最后输出文本信息。

积木具体描述如下表所示：

百度大脑语音识别积木表

积木	积木描述
听候语音输入 超时 6	通过麦克风收集语音信息，可以更改参数值来改变语音输入的时间
当听到	当语音输入为预设的文字信息时，触发一个事件，一般用于为脚本提供入口
语音输入	在舞台区显示语音输入的内容时，一般要把“语音输入”勾上。语音识别会被环境噪声或者朗读者的口音影响，勾选后使语音识别结果更直观

小试牛刀

• 语音控制小喵旋转

百度大脑语音识别积木块的功能已经了解了，下面制作一个只要说“旋转”，小喵就会原地顺时针旋转的项目，赶紧试试吧！

先从背景库中添加“Playing Field”背景。使用默认的小猫角色，并将角色名称修改为“小喵”。然后选中小喵角色，开始编写脚本，此脚本有两段。

第一段脚本：当脚本开始运行的时候，舞台的右下方会出现一个红色的麦克风图标，这时候就可以对着麦克风说话了，语音输入的时间为6秒（一定要等红色麦克风图标出现后再说话，6秒后红色麦克风消失）。脚本如右图所示。

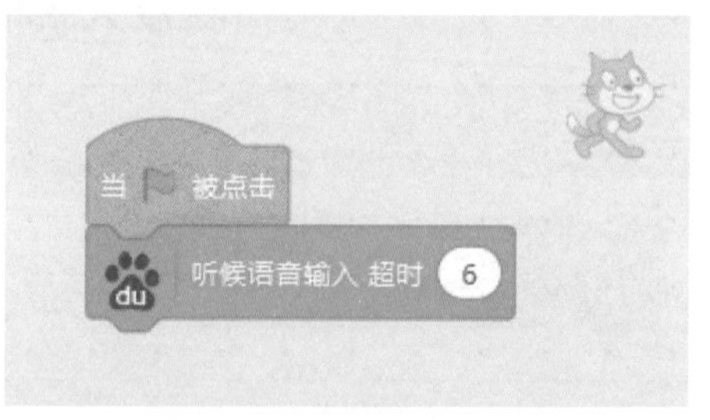

当我们对着麦克风说“旋转”，片刻后，可以看出识别的结果为“旋转”。如右图所示。

接着我们编写第二段脚本，当听到“旋转”，重复执行

360/15=24次，每次右转15度。也就是相当于小喵原地顺时针旋转360度。脚本如右图所示。

这个项目通过语音识别让小喵顺时针旋转，小喵是不是很听话？赶快试一试吧！

语音控制小喵旋转的效果如右图所示。

• **语音控制气球随意飘**

在前面的项目中，我们已经成功地用语音控制小喵旋转。本项目中，我们用语音控制气球自如地向上、向下、向左和向右飘动。

先从背景库中添加“Urban2”背景。删除默认的小猫角色，从角色库中添加“Balloon1”作为角色，并修改名称为“气球”。然后选中气球角色，开始编写脚本：当听到语音“上”的时候，气球向上移动20；当听

到语音“下”的时候，气球向下移动20；当听到语音“左”的时候，气球向左移动20；当听到语音“右”的时候，气球向右移动20。完整脚本如上页图所示。

接着我们来测试脚本，分别对着麦克风用语音输入“上”“下”“左”“右”，观察气球移动的情况。效果如下图所示：

挑战自我

• 思维向导

我们一起编写一个使用语音开启糖果小镇大门的脚本。加载BaiduAI、JoyFrog插件。脚本开始运行的时候，先让果果、可可以及小喵之间进行语音对话，然后使用呱比特按下A键，语音识别开门口令“芝麻开门”，最后城门开启。

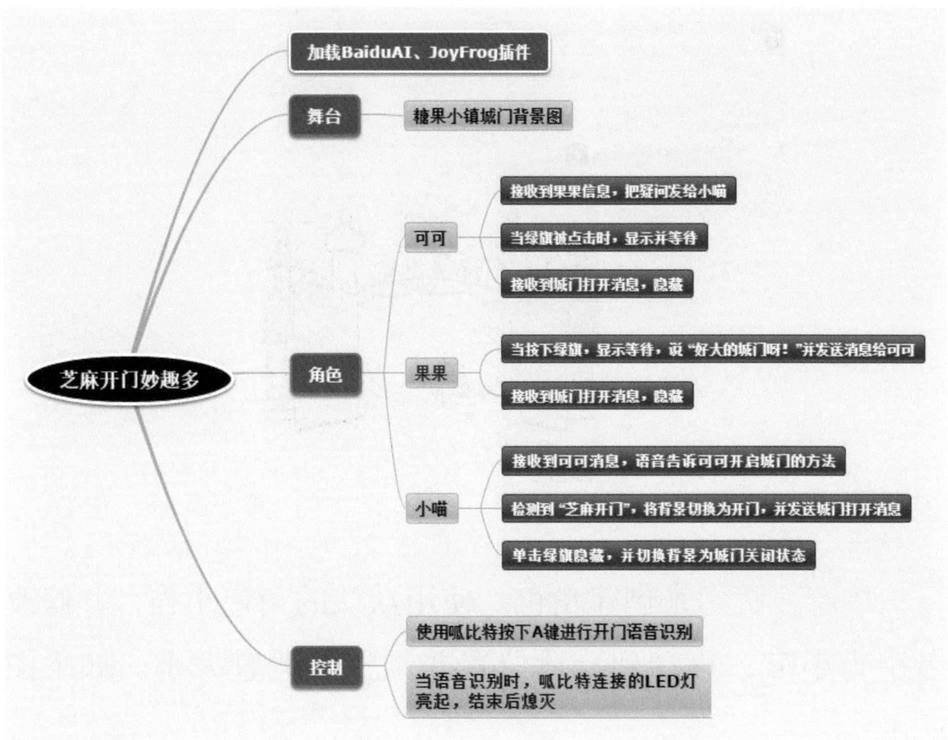

- **创建背景和角色**

我们先来创建舞台。单击“选择一个背景”，选择“上传背景”，从本地文件夹中选择“糖果小镇城门.jpg”并上传，使用相同方法上传“开城门.jpg”。背景如下图所示：

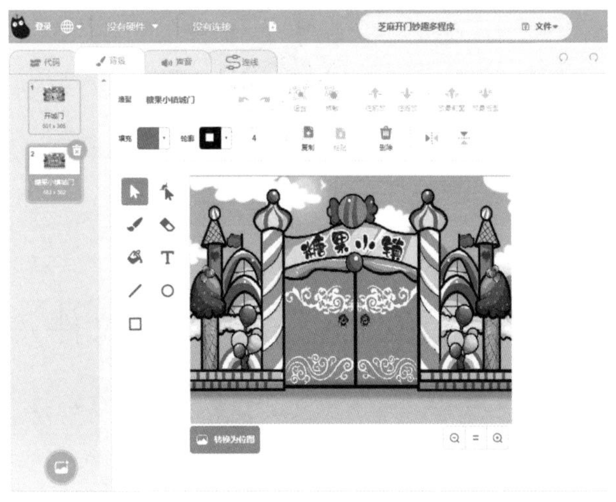

接着，我们来创建角色。使用默认的角色小猫，并修改名字为小喵，移动到合适位置并调整至适宜大小。如下图所示：

我们继续单击“上传角色”，从本地文件夹中导入果果和可可角色并调整至适宜大小。如下图所示：

将LED模块连接到呱比特的4号端口（port4），如右图所示：

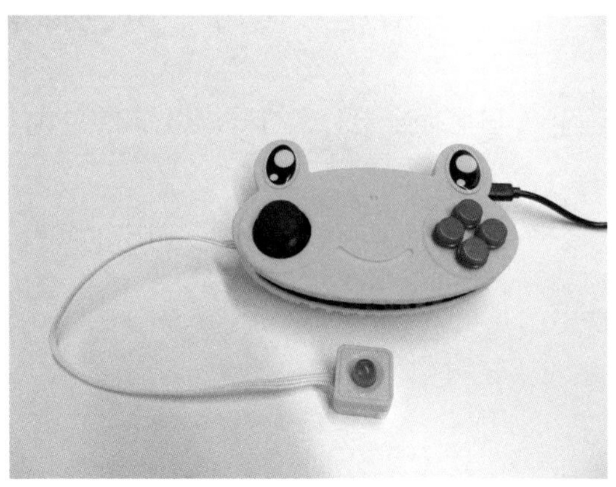

• 搭建脚本

我们先来搭建“果果”脚本，接着搭建“可可”脚本，最后搭建“小喵”脚本。具体步骤如下。

（1）搭建“果果”角色脚本

第一次见到这样又大又重的城门，果果、可可一定很惊奇！

先让他们感叹一下吧，在糖果小镇让他们感到惊奇的东西还多着呢！

角色	脚本	预期效果
	当 🏳 被点击 显示 等待 2 秒 说 好大的城门呀! tts人物 度小宇 tts文字转语音 好大的城门呀! 广播 可可	当绿旗被点击的时候，舞台上显示“好大的城门呀！”，将语音朗读人物设置为“度小宇”，并朗读“好大的城门呀！”，然后广播“可可”消息

（2）搭建“可可”角色脚本

可可很好奇怎么打开这么厚重的城门，我得帮帮她。

作为糖果小镇的导游，可可的问题你一定可以解答，让可可使用“消息”将疑问发给你。

角色	脚本	预期效果
	当接收到 果果 说 这么大的城门，平时是怎么打开的? tts人物 度小美 tts文字转语音 这么大的城门，平时是怎么打开的? 广播 小喵	当接收到果果传来的消息，舞台上显示“这么大的城门，平时是怎么打开的?”，“度小美”朗读“这么大的城门，平时是怎么打开的?”，然后广播“小喵”消息
	当接收到 城门打开 隐藏	当接收到“城门打开”消息进行隐藏

（3）搭建“小喵”角色脚本

可可的消息我收到了，怎么帮助她呢?

这是一扇神奇的城门，你告诉她按下呱比特的A键使用“BaiduAI”进行语音输入，在语音输入期间可以看到呱比特所连接的LED灯常亮。在6秒内语音输入口令“芝麻开门”就可以打开城门了。小喵的脚本编写共有4段，编写的时候一定要有耐心。

角色	脚本	预期效果
	当 🏁 被点击 隐藏 换成 糖果小镇城门 背景	当绿旗被点击的时候，小喵角色隐藏，将背景换成“糖果小镇城门”背景，也就是关闭的状态

续表

角色	脚本	预期效果
	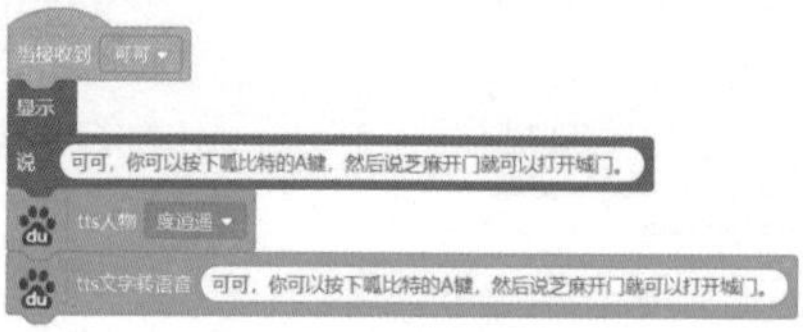 当接收到 可可 显示 说 可可，你可以按下呱比特的A键，然后说芝麻开门就可以打开城门。 tts人物 度逍遥 tts文字转语音 可可，你可以按下呱比特的A键，然后说芝麻开门就可以打开城门。	当接收到可可的消息，小喵角色显示在舞台上，并显示文本“可可，你可以按下呱比特的A键，然后说芝麻开门就可以打开城门。”将语音朗读人物设置为“度逍遥”，并朗读显示的文本
	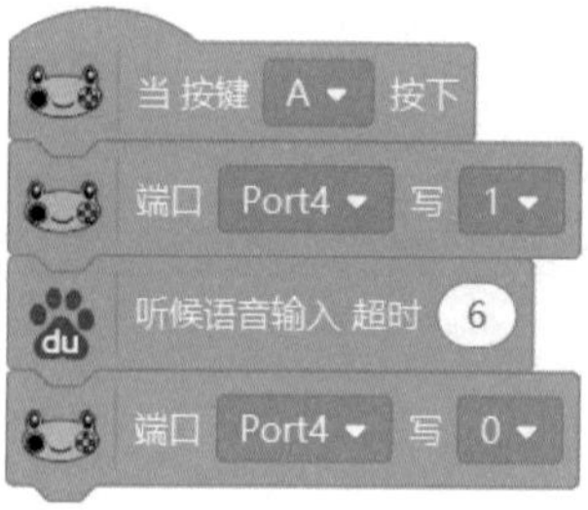 当 按键 A 按下 端口 Port4 写 1 听候语音输入 超时 6 端口 Port4 写 0	当按下呱比特A键，将连接LED灯的4号端口设置为1，LED灯打开，使用“听候语音输入”积木，当超过输入时间6秒时设置4号端口为0，LED灯熄灭
	 当听到 芝麻开门 换成 开城门 背景 广播 城门打开 说 欢迎来到糖果小镇 tts人物 度逍遥 tts文字转语音 欢迎来到糖果小镇	当听到“芝麻开门”，换成“开城门”背景，舞台显示“欢迎来到糖果小镇”，将语音朗读人物设置为“度逍遥”并朗读“欢迎来到糖果小镇”

“芝麻开门”的故事流传已久，通过一步步的脚本编写，我们也做出了自己的“芝麻开门”，不过语音识别可能会出现延时，多测试几次，打开糖果小镇的城门。效果如下图所示：

糖果小镇
这么大的城门，平时是怎么打开的？
可可，你可以按下呱比特的A键，然后说芝麻开门就可以打开城门。
好大的城门呀！

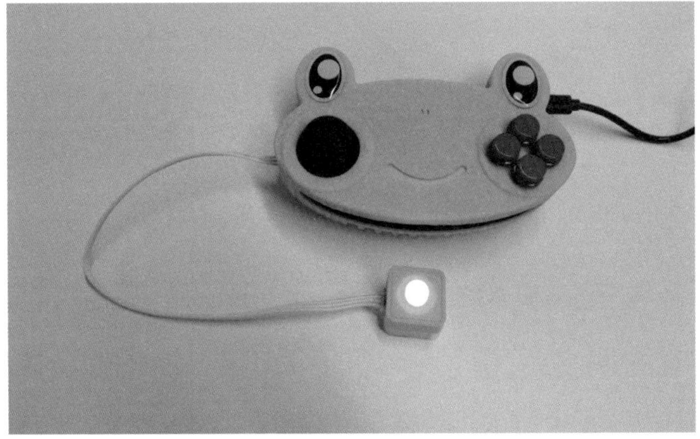

糖果小镇
欢迎来到糖果小镇

拓展练习

（1）运动我能行

语音控制小喵通过一个个障碍物，将球射入网中。

（2）我是诗人

小喵出示两句诗，并朗读出来，听到朗读的题目和选项后，选择答案并进行语音输入，小喵根据语音输入的情况进行判断并反馈正误。

糖果能量站

语音识别是一门交叉学科。近二十年来，语音识别技术取得了显著发展，开始从实验室走向市场。人们把语音识别比作“机器的听觉系统”，它主要包括特征提取技术、模式匹配准则及模型训练技术三个方面。它是能让机器通过识别和理解语音，然后把语音信号转变为相应的文本或命令的人工智能技术。预计未来10年，语音识别技术将进入工业制造、家电、通信、汽车电子、医疗、家庭服务等各个领域。

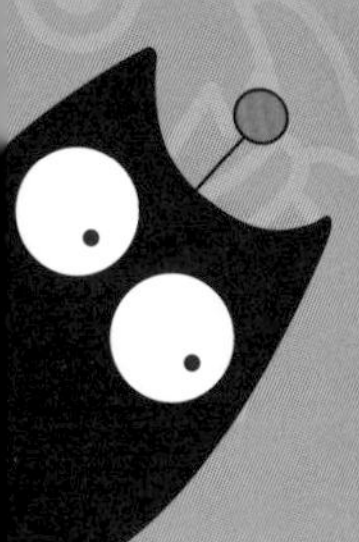

3 神奇的智能小屋

见识了糖果小镇的语音开门，果果、可可正式进入糖果小镇游玩，小镇与众不同的景色让果果、可可目不暇接。天慢慢黑下来，果果说："好累呀，我们找个地方休息吧。"可可抬头看了看四周，兴奋地指着前面说："看，那儿有一栋房子，说不定我们可以去休息一下呢！"等他们走近这栋房子才发现房子里黑乎乎、静悄悄的。"好可怕呀，要是有灯就好了。"可可说道。这时突然响起了小喵的声音："你们大声说'开灯'试试，说不定有惊喜哟。"果果、可可壮起胆子大声说："开灯！"房子里的灯一下子就亮起来了。真神奇！快来和果果、可可一起体验神奇的小屋吧！

小喵科技站

本课中使用百度大脑插件中"听候语音输入"现在越来越多的智能产品已经融入我们的生活，这些智能产品有的会简单对话，有的拥有视觉、听觉和触觉等感知能力。智能家居产品正在以"渗透"的方式默默影响人们的生活，提升人们的生活品质。"当听到语音输入""语音输入内容"三块积木。

小试牛刀

- **割草机器人滑来滑去**

下面我们来编写一个割草机器人滑来滑去的项目。在"芝麻开门妙趣多"这一课中，通过几个项目的学习与制作，我们已经了解了百度大脑语音识别积木的功能。在本项目中，我们来看一看语音识别在智能家居中的应用，只要你说"割草"，割草机器人就会在指定的时间内滑动到指定的位置模拟自动割草。

先从背景库中添加"Playing Field"背景。删除默认的小猫角色，点击角色列表右下角的"选择一个角色"按钮，在弹出的列表中单击“绘制”按钮，绘制“割草机”角色并修改名称为“割草机”。角色设计如右图所示。

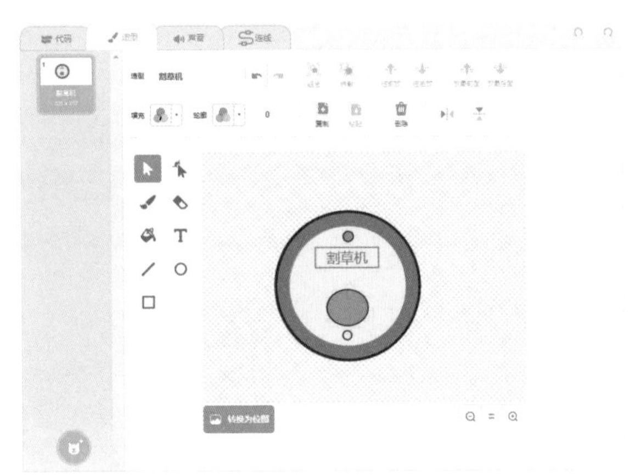

然后选中割草机角色，开始编写脚本，按下空格键，听候语音输入。当听到语音“割草”的时候，割草机角色重复执行在1秒内滑行到舞台上的随机位置。完整脚本如右图所示。

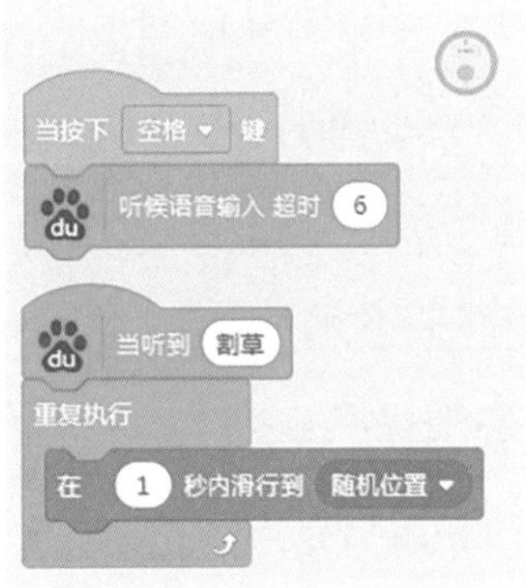

在这个项目中，割草机在草地上自由滑行，碰到舞台的边缘就会自动弹回。对着麦克风说“割草”，观察一下割草机的运行情况。如下图所示。

- **前进后退早知道**

百度大脑模块中的积木可以识别语音，文字朗读的积木可以发出声音。综合运用这两类积木，不但可以用声音控制割草机前进或者后退，还可以让割草机在运动的过程中说出自己是前进还是后退。在本项目中，背景和角色同“割草机器人滑来滑去”项目。选中割草机角色，开始编写脚本。当脚本运行的时候，听候语音输入。当听到语音输入“前进”，割草机用中文朗读“我要前进了”并前进100步；当听到语音输入“后退”，割草机用中文朗读“我要后退了”并后退100步。完整脚本如上图所示。

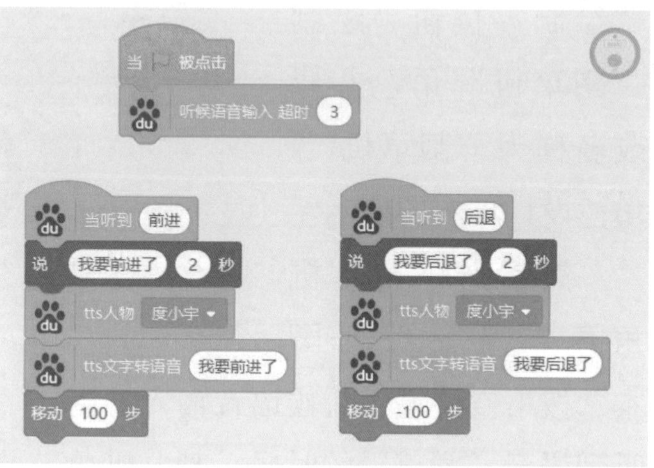

割草机不再是随意移动，而是可以人机交互，变得更加人性化了。试一试割草机是否听指令，效果如右图所示。

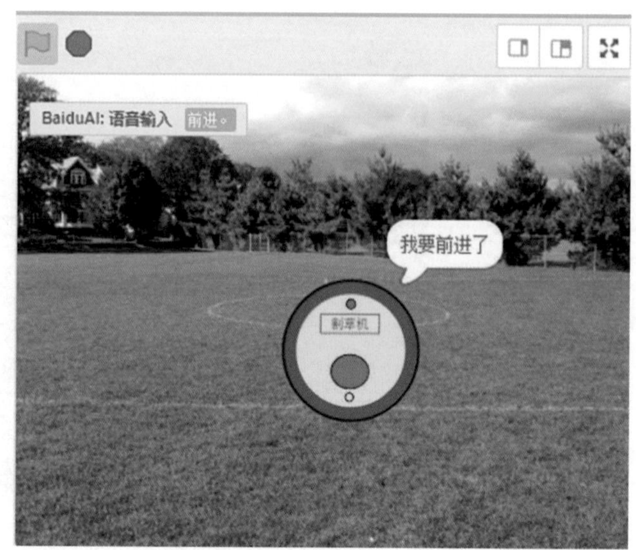

挑战自我

• 思维向导

我们一起编写一个用语音和JoyFrog插件来控制智能家居的脚本。加载百度大脑以及JoyFrog插件。语音输入“开灯”，房间会亮起来，同时呱比特连接的灯也会亮起来；语音输入“关灯”，房间会变黑，呱比特连接的灯会熄灭；语音输入“开风扇”，房间内的风扇角色会转起来，同时呱比特连接的风扇也会转起来；语音输入“关风扇”，房间内的风扇角色会关闭，呱比特连接的风扇也会关闭；语音输入“播放音乐”，开始播放音乐；语音输入“关闭音乐”，音乐会停止。

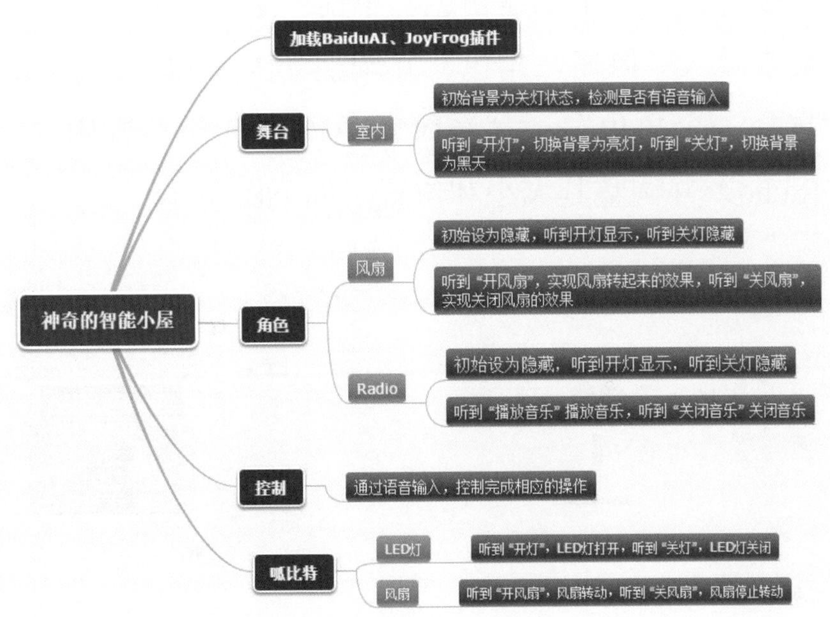

- **创建背景和角色**

我们先来创建舞台。单击“选择一个背景”，选择“室内”，从系统背景库中选择“Bedroom2”，并在“造型”中设置名称为“亮灯”。继续单击“选择一个背景”，选择“绘制”，绘制一个黑色的矩形，并在“造型”中设置名称为“黑天”。背景如下图所示：

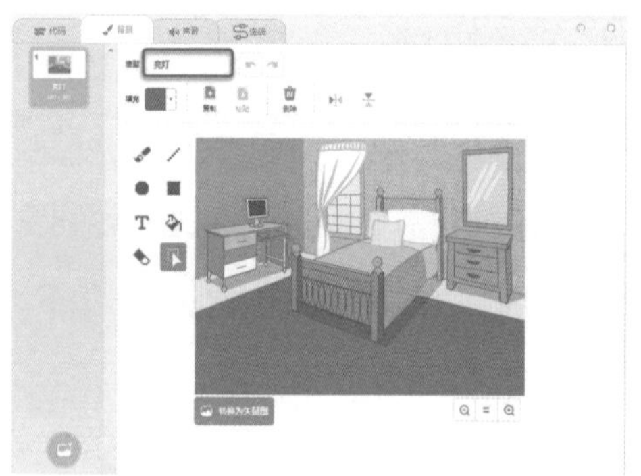
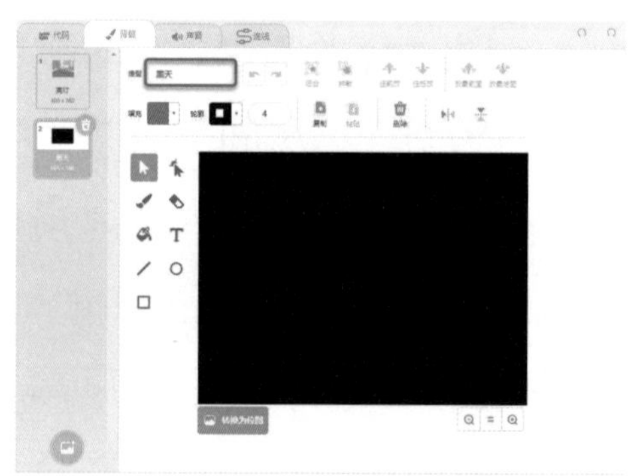

接着，我们来创建角色。单击“上传角色”，从本地文件夹中导入“风扇”角色，并调整其大小和位置。继续单击“选择一个角色”，从系统角色库中选择“音乐”，导入“Radio”并调整其大小和位置。如下图所示：

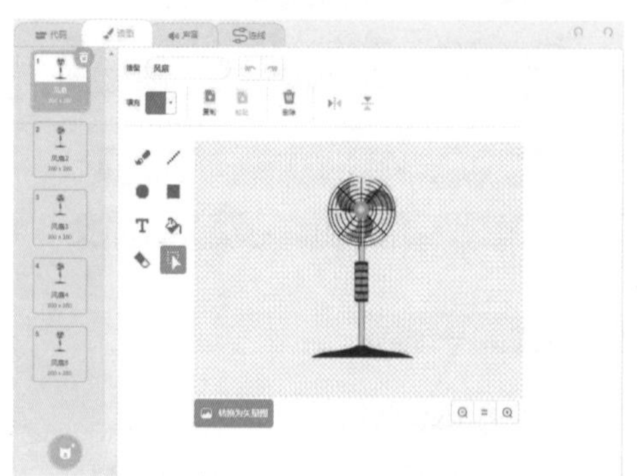
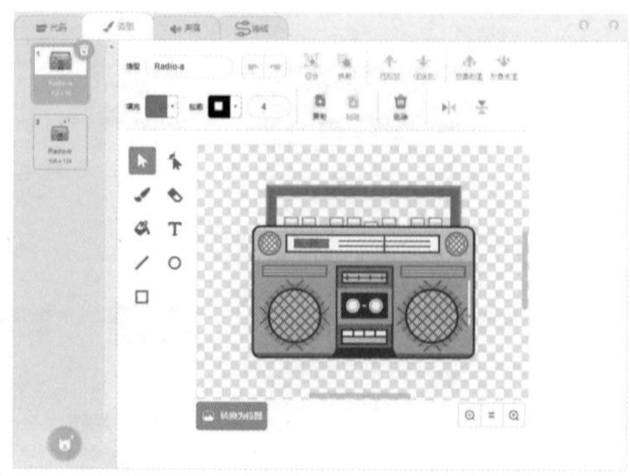

- **硬件连接**

将LED灯连接到呱比特的3号口，风扇连接到呱比特的4号口，然后用数据线将呱比特连接到计算机，如右图所示：

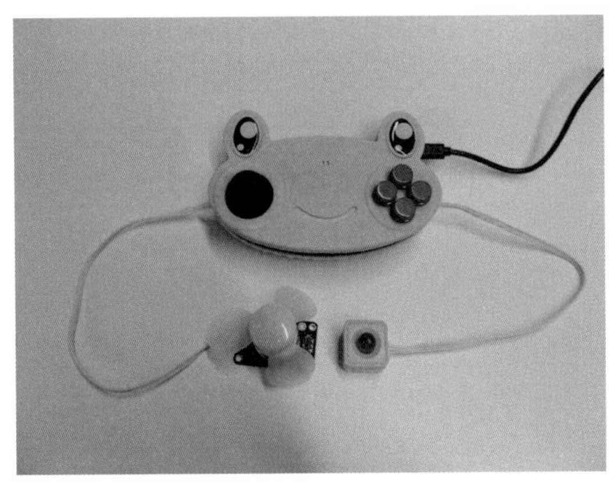

- **搭建脚本**

（1）搭建“舞台”角色脚本

屋子里一开始是没有开灯的，我需要用语音控制开灯，还需要用语音控制风扇和音乐的开关。那么我怎么知道什么时候有语音输入呢？

你可以使用“重复执行”积木呀，让系统每隔5秒检测一次是否有语音输入。

舞台听候语音输入脚本如下：

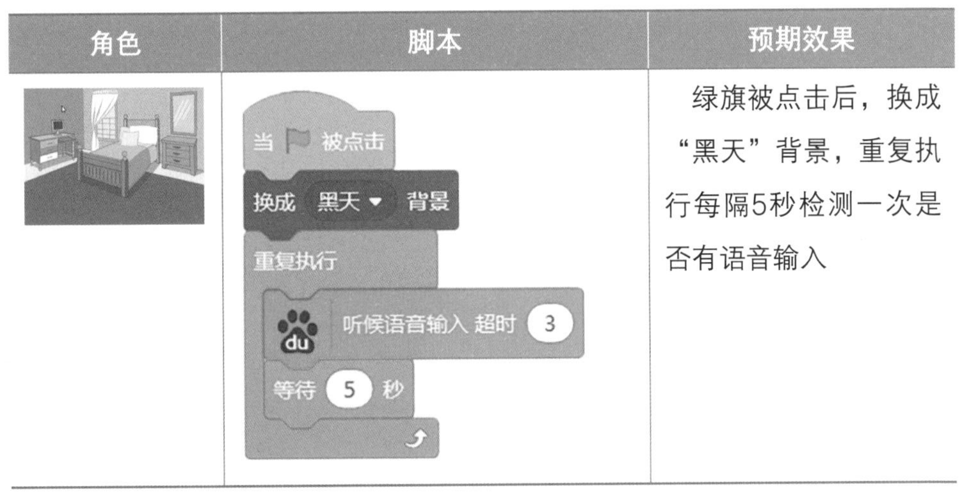

角色	脚本	预期效果
	当 被点击 换成 黑天 背景 重复执行 听候语音输入 超时 3 等待 5 秒	绿旗被点击后，换成“黑天”背景，重复执行每隔5秒检测一次是否有语音输入

舞台脚本我已经搭建好了，该如何用语音来控制舞台变亮和变黑呢？

你可以设置两个脚本的入口呀。当听到“开灯”时将背景变为“亮灯”，同时呱比特连接的LED灯点亮；当听到“关灯”时将背景变为“黑天”，同时呱比特连接的LED灯熄灭。

控制舞台变亮和变黑脚本如下所示：

角色	脚本	预期效果
	当听到 开灯 换成 亮灯 背景 端口 Port3 写 1 tts文字转语音 已经开灯 当听到 关灯 换成 黑天 背景 端口 Port3 写 0 tts文字转语音 已经关灯	当听到语音输入“开灯”，舞台切换为“亮灯”背景，呱比特Port3（端口3）写入“1”实现LED灯点亮并朗读“已经开灯”。听到语音输入“关灯”，舞台切换为“黑天”背景，呱比特Port3写入“0”实现LED灯熄灭并朗读“已经关灯”

（2）搭建“风扇”角色脚本

已经学会使用语音开关灯了，语音开关风扇是不是一样要设置两个脚本入口呢？当听到“开风扇”时让角色风扇转动起来，同时呱比特连接的风扇转动起来；当听到“关风扇”时让角色风扇停止转动，同时呱比特连接的风扇也停止转动？

真聪明。但有一个细节你想到了吗？就是最开始的时候屋子里是黑的，风扇是看不到的；开灯后风扇能看到了，而关灯后风扇又看不见了。这个问题该如何解决呢？

这好解决呀，我可以让风扇在脚本开始时先隐藏起来，当听到开灯后显示出来，当听到关灯后再隐藏起来。

真是太厉害了。那就去试一试吧！

风扇角色脚本如下所示：

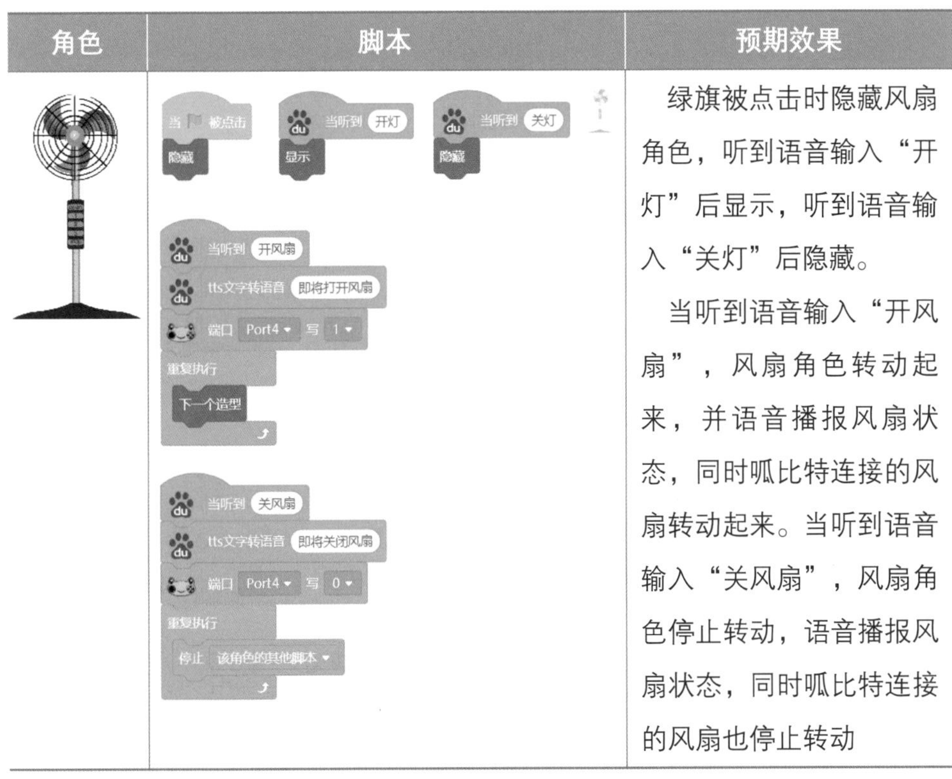

角色	脚本	预期效果
	当 被点击 隐藏 当听到 开灯 显示 当听到 关灯 隐藏 当听到 开风扇 tts文字转语音 即将打开风扇 端口 Port4 写 1 重复执行 下一个造型 当听到 关风扇 tts文字转语音 即将关闭风扇 端口 Port4 写 0 重复执行 停止 该角色的其他脚本	绿旗被点击时隐藏风扇角色，听到语音输入“开灯”后显示，听到语音输入“关灯”后隐藏。 当听到语音输入“开风扇”，风扇角色转动起来，并语音播报风扇状态，同时呱比特连接的风扇转动起来。当听到语音输入“关风扇”，风扇角色停止转动，语音播报风扇状态，同时呱比特连接的风扇也停止转动

（3）搭建“Radio”角色脚本

用语音控制音乐的播放和停止是不是和用语音控制风扇开关是一样的呀？

嗯，原理是一样的。但要播放的音乐你准备好了吗？

可以在“声音”选项卡里选择“上传声音”，然后在本地文件夹中选择需要的音乐上传就可以了。

首先添加声音素材，效果如下图所示：

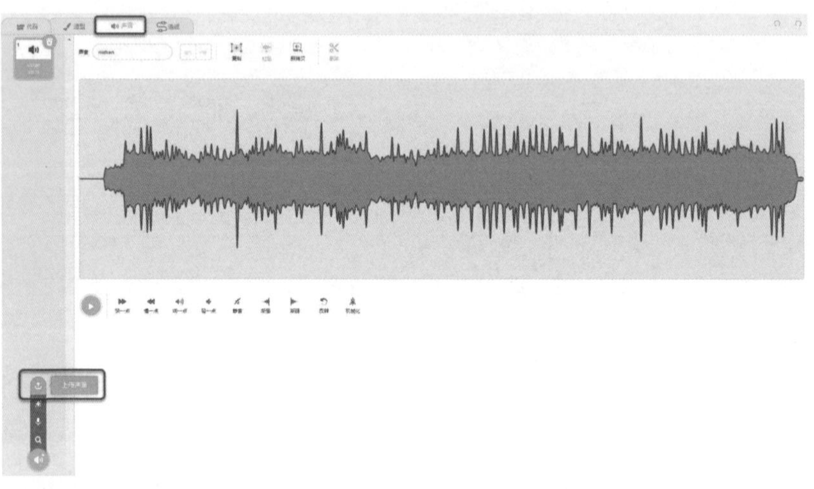

接着搭建Radio角色脚本，如下所示：

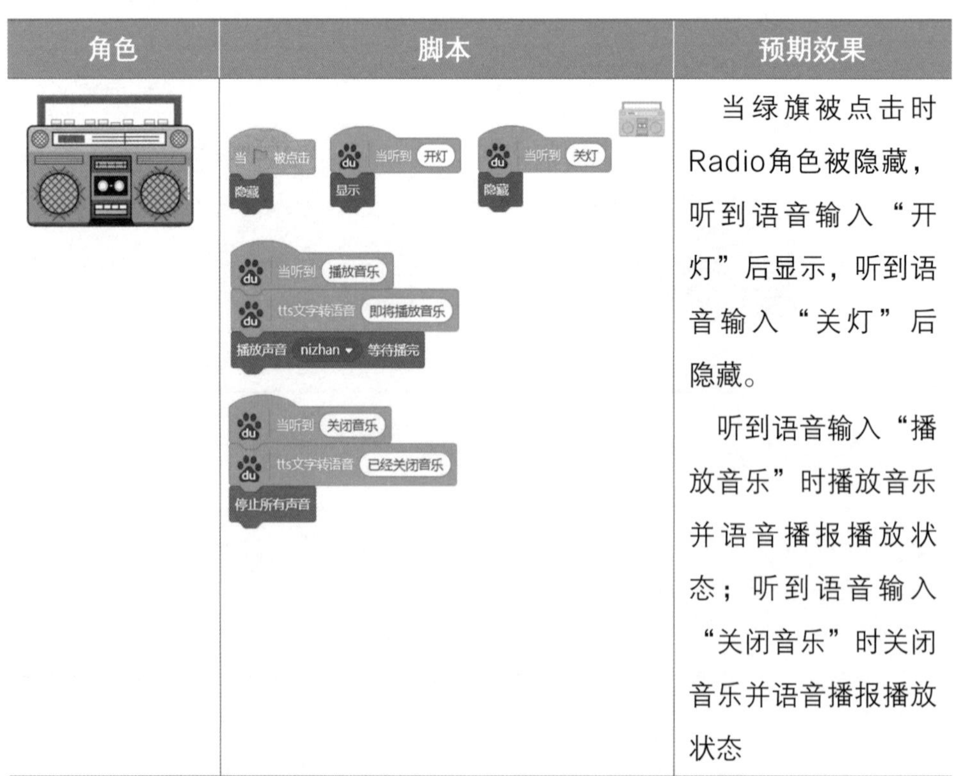

角色	脚本	预期效果
	当 被点击 隐藏 当听到 开灯 显示 当听到 关灯 隐藏 当听到 播放音乐 tts文字转语音 即将播放音乐 播放声音 nizhan 等待播完 当听到 关闭音乐 tts文字转语音 已经关闭音乐 停止所有声音	当绿旗被点击时Radio角色被隐藏，听到语音输入“开灯”后显示，听到语音输入“关灯”后隐藏。 听到语音输入“播放音乐”时播放音乐并语音播报播放状态；听到语音输入“关闭音乐”时关闭音乐并语音播报播放状态

在这样的智能小屋里，一切家用电器都可以使用语音来控制，是不是很神奇、很智能呢？试一试让语音控制风扇转动和停止，控制开灯和关灯，让Radio播放你喜欢的音乐！效果如下图所示：

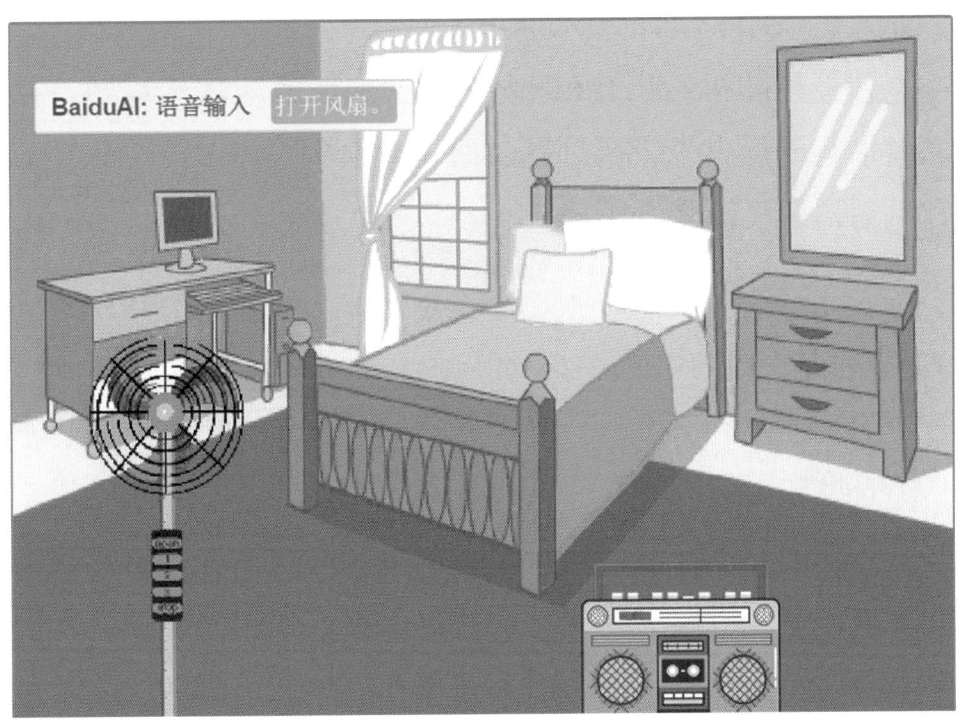

拓展练习

（1）可以变形的移动风扇

该项目中的风扇有点大且摆放的位置太过显眼，占据了大量的空间。你能用语音控制风扇缩小或是放大吗？你能用语音控制风扇“走”到靠墙的角落里吗？

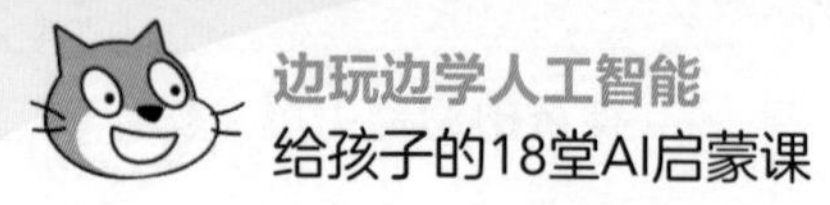

（2）调整风扇的转速

尝试使用呱比特的pwm值控制风扇的转速 端口 Port4 pwm 50 % ，语音输入“风速大”则风扇速度变大，语音输入“风速小”则风扇速度变小。

（3）制作口算天天练小游戏

计算机随机给出100以内的数的加法或减法运算题，并通过语音朗读出来，听到题目后语音给出答案，计算机进行评判后语音反馈是否正确。

糖果能量站

百度大脑于2014年年初首次对外披露，几年时间已建立起了完整的技术体系，实现了多模态深度语义理解核心技术的全面突破，可以对文字、声音、图片、视频等多种数据信息进行深层次、多维度的语义理解。

经过多年的演进，无论是最底层的深度学习框架、场景化AI能力、定制化训练平台，还是世界领先的多模态语义理解技术，以及作为开放AI能力最多的统一开源开放平台，百度大脑已经形成了一个体系完备、功能全面的人工智能技术开放平台。

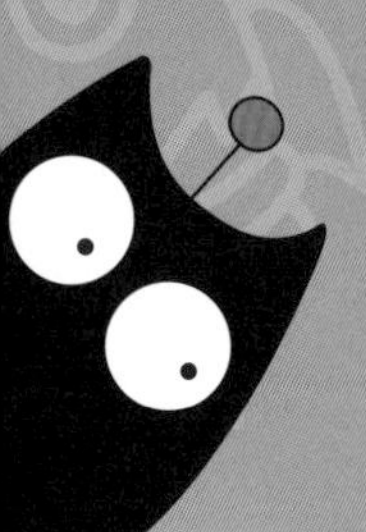

4 翻译机里有乾坤

第二天早饭后，果果、可可继续在小镇游览。火热的阳光照在身上，果果、可可又热又渴。“天好热，好想喝点饮料呀！”可可说。“但我们和小镇居民语言不通，该怎么交流呢？”果果问道。正当两人苦恼之时，神奇的小喵拿着一个手机模样的东西出现在他们面前：“这是翻译机，有了这个东西你们就可以和小镇里的人沟通了。”

小喵科技站

在小喵科技站里，一起添加“百度大脑”和“翻译”插件，重点来了解下“翻译”插件里的积木。

我们首先单击Kittenblock项目编辑器左下角的“添加扩展”按钮，会弹出“选择一个扩展”窗口。加载百度大脑插件方法同前文，此处不再赘述。接下来从打开的“选择一个扩展”窗口中选择“人工智能”选项中的“翻译”插件，如下图所示：

插件加载成功后，单击“翻译”模块，出现翻译的所有积木，它只有三块积木，如右图所示。

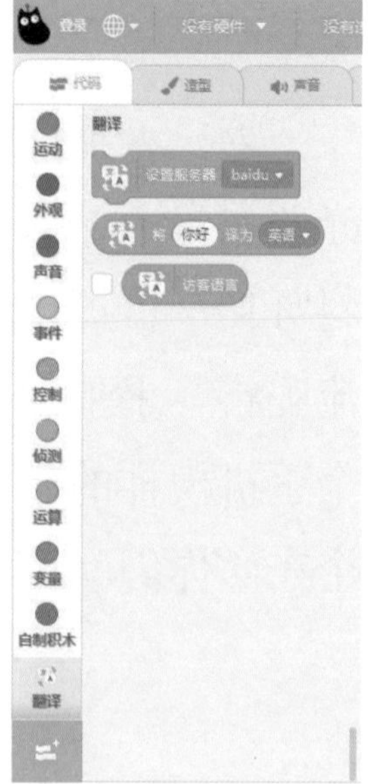

小知识

翻译的过程可以简单地描述为：第一步，按下某个按键并进行语音输入，系统将输入的语音识别后转为文本（预处理，如果只是文本翻译，此过程省略）；第二步，将文本翻译为目标语言序列（核心翻译）；第三步，对翻译结果进行处理，使得翻译结果更加符合人们的阅读习惯，然后以文字或是文字朗读的形式给出翻译结果（后处理）。翻译模块的积木数量较少，但是功能却非常强大，可以支持60多种语言的互译。

积木具体描述如下表所示：

翻译模块积木表

积木	积木描述
设置服务器 baidu	设置语言翻译的服务器，一个是百度服务器（baidu），一个MIT服务器，一般我们选择国内的百度服务器
将 你好 译为 英语	将文本内容翻译成对应的目标语言。在前面文本框内填入要翻译的内容（如果你会其他语言，可以输入其他语言试一试，例如英语、日语等），后面下拉菜单为翻译的目标语言，目标语言有60多种
访客语言	勾选则在舞台显示当前访客使用的语言，也是翻译的目标语言

小试牛刀

• 中英文互译

翻译插件的积木块已经了解了，试一试将中文文本“你好”翻译成英语吧。

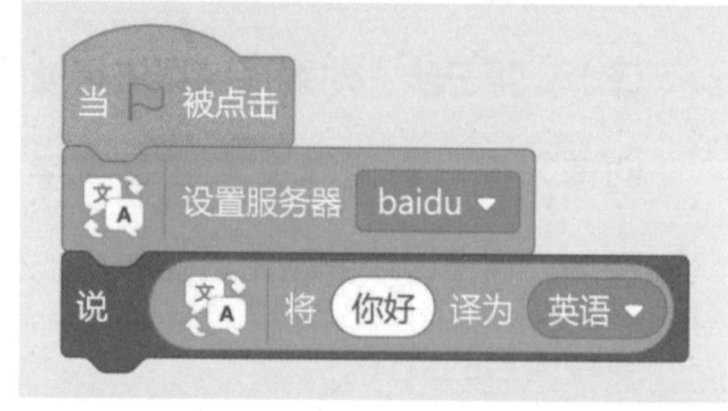

先从背景库中添加“Blue Sky 2”背景。使用默认的小猫角色，并将角色名称修改为“小喵”。然后选中小喵角色，开始编写脚本，将“你好”翻译成英语，脚本如上图所示：

点击绿旗后，小喵将“你好”翻译出的英文“Hello there”显示在舞台上。效果如右图所示。

如果我们要将“好”翻译成英语，可能是“good”“great”等，也就是说独立的词或者词组可能有很多种翻译结果。在翻译过程中，长语句更能表达真正的意思，例如输入“人工智能是人类的未来”，点击绿旗看一看翻译结果。脚本如右图所示。

越长的句子翻译需要的时间越长，要耐心等待翻译的结果。本项目的效果如右图所示。

上面的两个项目中，翻译积木将中文的词、长句都轻松翻译了。下面将英语“hello world”翻译成中文试一试，脚本如右图所示。

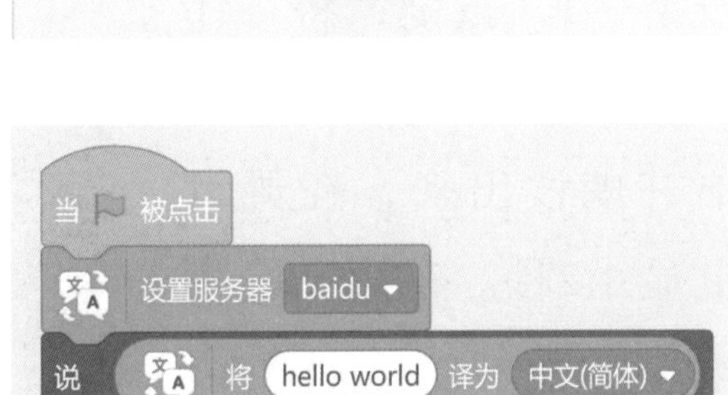

效果如右图所示。

- **朗读翻译内容**

在“中英文互译”项目中，各种语言都可以相互翻译，掌握了翻译积木块的用法，你就拥有了60多种语言的互译机，走遍全球都不怕了。如果再加上朗读积木，效果会更棒。让我们一起来编写“朗读翻译内容”脚本。

先从背景库中添加“Blue Sky”背景。使用默认的小猫角色，并将角色名称修改为“小喵”。然后选中小喵角色，开始编写脚本。此脚本有两段：第一段脚本是将中文翻译成英语并朗读出来；第二段脚本是将英语翻译成中文并朗读出来。第一段脚本如右图所示。

在第一段脚本中，按下“1”按键，将“伟大的中国”翻译成了英语并朗读出来，在舞台上显示2秒。在第二段脚本中，我们继续将英语翻译结果“Great China”再翻译成中文，朗读并显示在舞台上。脚本如上图所示。

通过测试我们发现，“伟大的中国”翻译成英语为“Great China”，当我们将英语“Great China”再翻译成中文的时候为“伟大的中国”。仔细体会一下翻译中的小技巧。效果如下图所示：

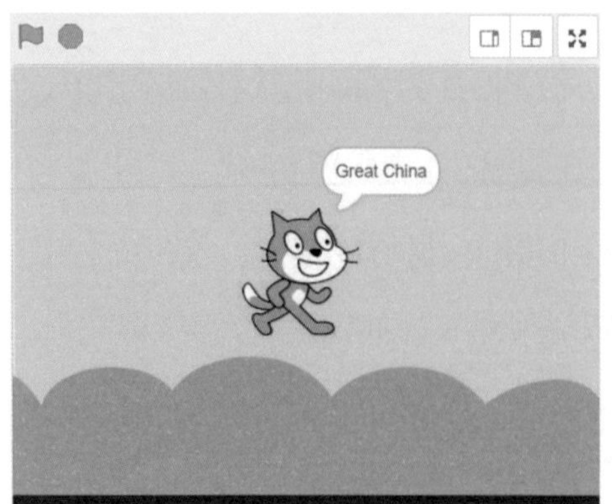

挑战自我

• 思维向导

我们一起编写一个翻译机的脚本。加载翻译插件和JoyFrog插件，当翻译机被点击时，分别用中文和英语两种语言提示访客说出自己的需求，按呱比特金手指的Do键会将访客语言或文字翻译为小镇居民Dani能听懂的语言或文字（预设为英语），翻译机收到访客的需求之后会通知小镇居民Dani，然后按呱比特金手指的Mi键将小镇居民Dani的回答翻译为访客能听懂的语言或是文字（预设为中文）。

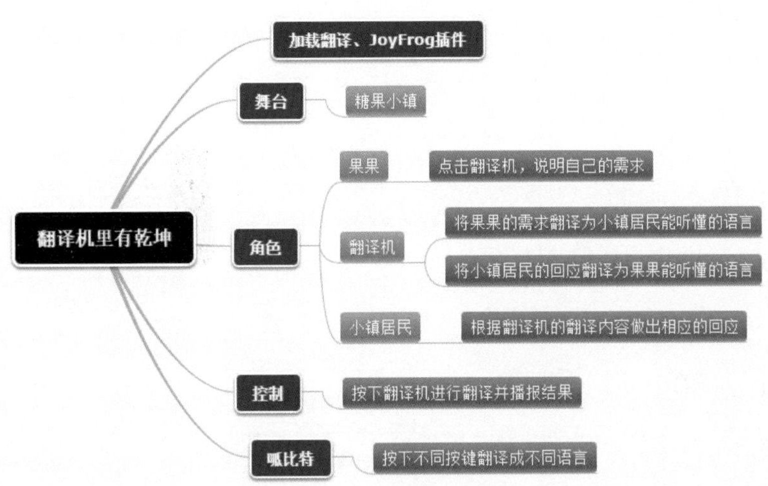

• 创建背景和角色

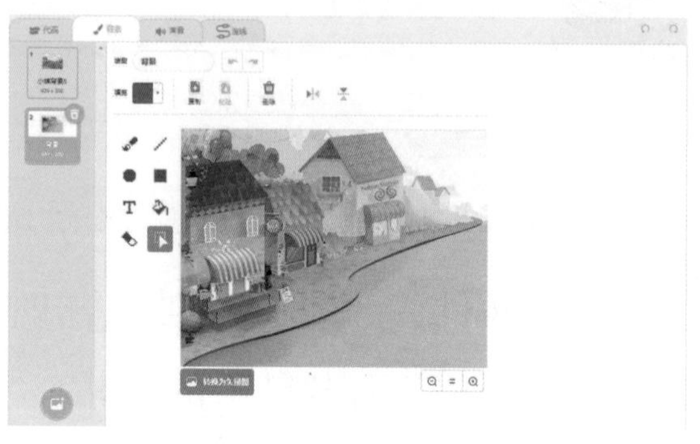

我们先来创建舞台。单击“选择一个背景”，选择“上传背景”，从本地文件夹中选择“小镇背景.png”并上传。背景如右图所示。

接着，我们来创建角色。在角色区选中“小猫”角色后单击右键并选择“删除”。单击“上传角色”，从本地文件夹中依次选择并上传“果果”“翻译机”角色，调整大小为50。从本地角色库中选择“Dani”角色，并调整大小为80。最后调整好各角色在舞台上的位置。如右图所示。

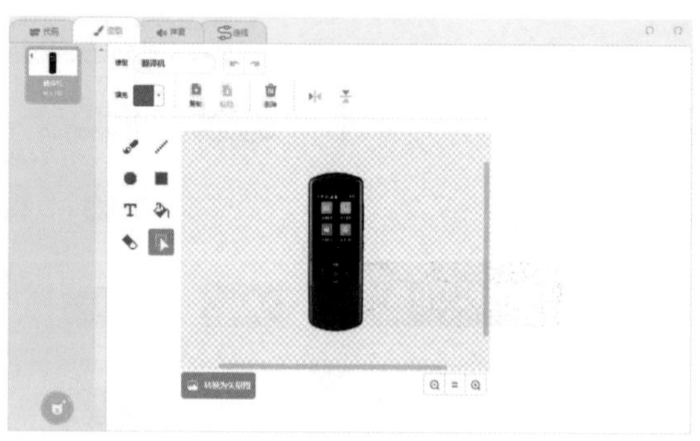

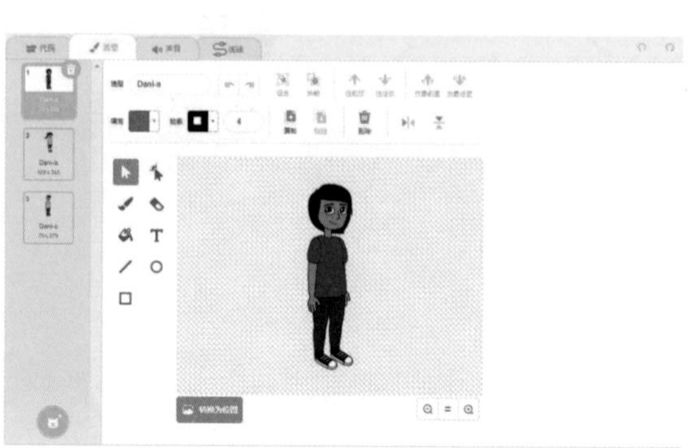

• 搭建脚本

（1）搭建“翻译机”角色脚本

听说翻译机不仅会文字翻译，还会语音翻译，是不是可以直接对着翻译机说话，然后由它将我说的话翻译给小镇居民听呀？

没问题呀，先通过文字和语音给你一个提示，根据提示说出要求就可以了。

脚本和效果如下表所示：

角色	脚本	预期效果
	当角色被点击 设置服务器 baidu tts人物 度小宇 tts文字转语音 远方的客人，请说出您的需求 说 远方的客人，请说出您的需求 2 秒	当“翻译机”角色被点击后，给出语音和文字“远方的客人，请说出您的需求”双重提示，并等待果果说出的要求

现在已经把要求“我想吃冰淇淋”告诉你了，你可以翻译给小镇居民了吗？

当然可以呀，我会将你的想法翻译后通过语音和文字两种方式传递给小镇居民，同时还会以消息广播的形式通知小镇居民进行答复。

脚本和效果如下表所示：

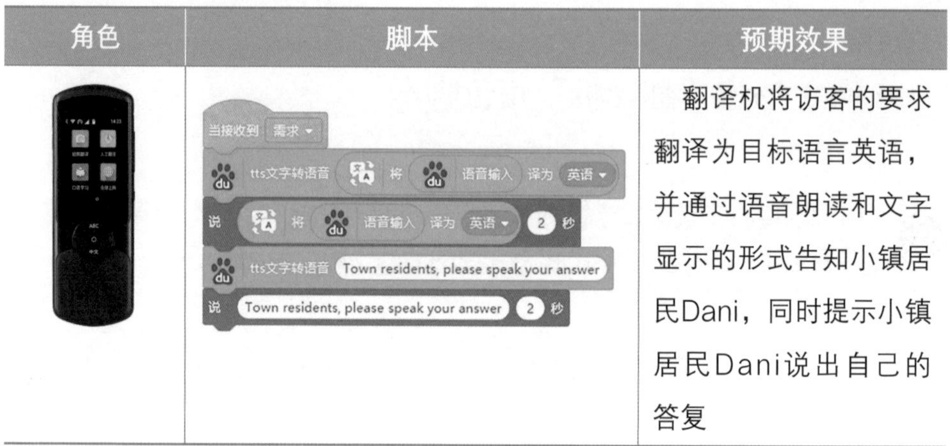

角色	脚本	预期效果
	当接收到 需求 tts文字转语音 将 语音输入 译为 英语 说 将 语音输入 译为 英语 2 秒 tts文字转语音 Town residents, please speak your answer 说 Town residents, please speak your answer 2 秒	翻译机将访客的要求翻译为目标语言英语，并通过语音朗读和文字显示的形式告知小镇居民Dani，同时提示小镇居民Dani说出自己的答复

你现在是不是已经收到小镇居民的回复了？是不是也会以语音和文字两种方式告诉我呢？

你猜对了，我要将小镇居民的答复翻译为访客语言并进行播报，要仔细听、认真看哟！

脚本和效果如下表所示：

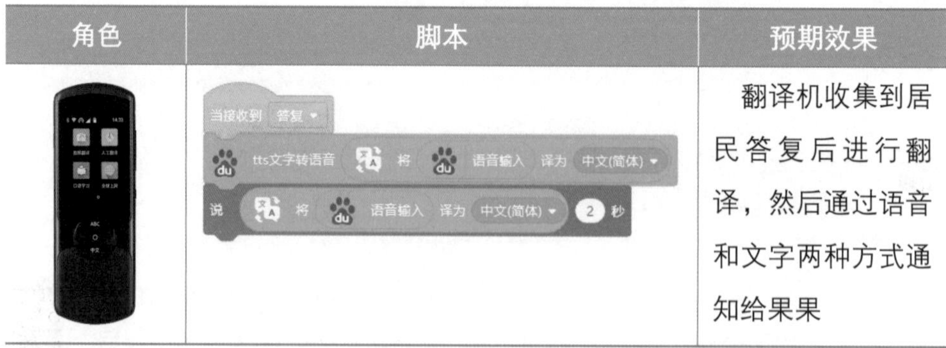

角色	脚本	预期效果
	当接收到 答复 tts文字转语音 将 语音输入 译为 中文(简体) 说 将 语音输入 译为 中文(简体) 2 秒	翻译机收集到居民答复后进行翻译，然后通过语音和文字两种方式通知给果果

将上述三段脚本连接在一起，构成“翻译机”角色的完整脚本。如下图所示：

（2）搭建“果果”角色脚本

你是不是已经给我发出语音输入的消息了呢？

是的，当我朗读完“远方的客人，请说出您的需求”，你就可以按下呱比特金手指的Do键，然后语音输入自己的需求。

脚本和效果如下表所示：

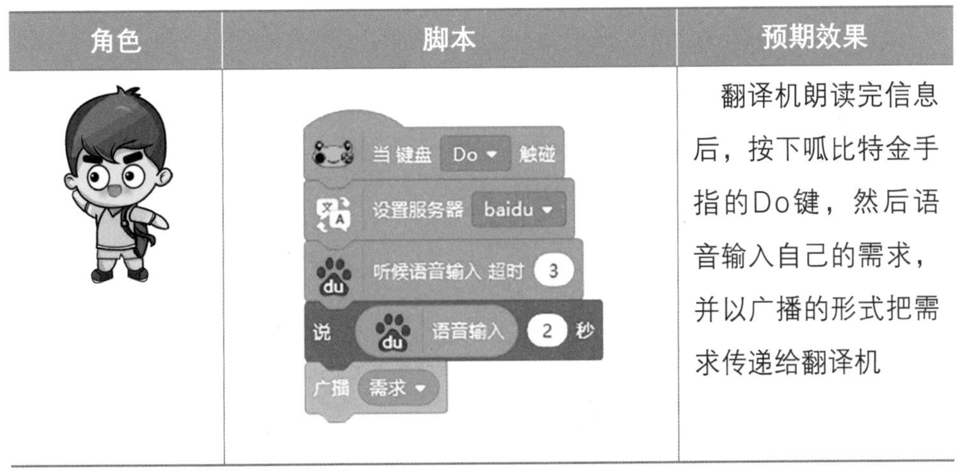

角色	脚本	预期效果
	当 键盘 Do 触碰 设置服务器 baidu 听候语音输入 超时 3 说 语音输入 2 秒 广播 需求	翻译机朗读完信息后，按下呱比特金手指的Do键，然后语音输入自己的需求，并以广播的形式把需求传递给翻译机

（3）搭建“Dani”角色脚本

我如何才能知道果果的想法并为其提供最好的服务呢？

这其实很简单，当接收到我发出的广播信息后，按下呱比特金手指的Mi键并说出你的答复就可以了。

脚本和效果如下表所示：

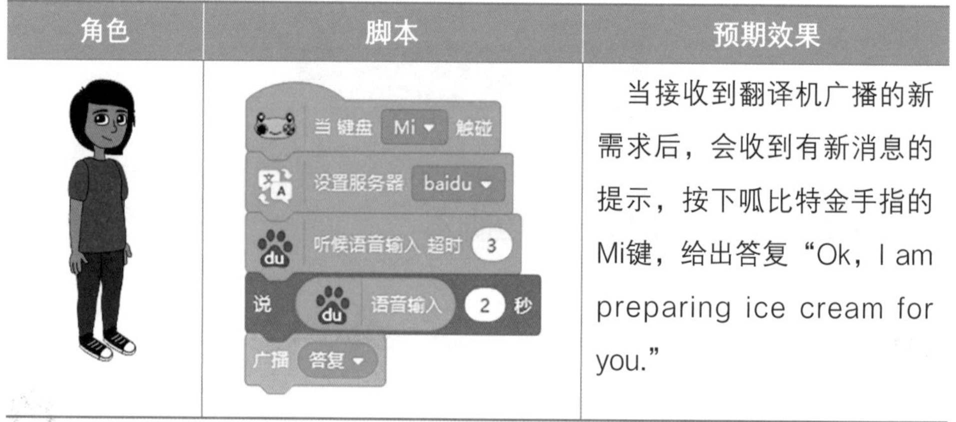

角色	脚本	预期效果
	当键盘 Mi 触碰 设置服务器 baidu 听候语音输入 超时 3 说 语音输入 2 秒 广播 答复	当接收到翻译机广播的新需求后，会收到有新消息的提示，按下呱比特金手指的Mi键，给出答复“Ok，I am preparing ice cream for you.”

这个脚本要仔细地分析和搭建，尝试运行一下，让翻译机把果果的需求翻译给小镇居民“Dani”，一定要让果果吃上冰淇淋哦！效果如下图所示：

拓展练习

（1）设计一款翻译机

自己绘制翻译机的外壳，能实现中英文之间的互译（通过“中文－英文”和“英文－中文”两个按键选择翻译方式），并能将翻译结果用文字和语音朗读两种方式呈现。

（2）设计一款翻译小游戏

对计算机说出中文词语，要求翻译并说出其对应的英文单词，翻译正确加5分并语音提示“你答对了”，不正确则不加分并语音提示正确答案。

糖果能量站

机器翻译（Machine Translation），又称为自动翻译，就是通过计算机把一种自然语言（如中文）变成另外一种自然语言（如英语）的过程。1954年，IBM公司协同美国乔治敦大学，通过IBM–701计算机首次完成英俄机器翻译试验，拉开了机器翻译的序幕。

由于机器翻译的实现方法多种多样，分类标准也各不相同。如果按转换层面进行划分，可分为直接翻译、转换翻译和中间语言翻译。如果按知识表示的标准来划分，机器翻译可分为基于规则（Rule-Based）和基于语料库（Corpus-Based）两大类。

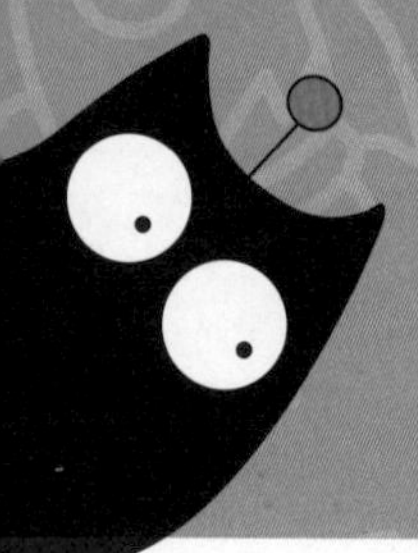

5 游玩天气早知道

听说糖果小镇的百兽岛是个有趣的地方，果果和可可打算去游玩，但是他们不知道今天的天气怎么样，需不需要带着雨伞，也不知道该怎么查询。这时，调皮的小喵突然蹦出来说：“不用担心，糖果小镇有个秘密武器——和风天气，想知道今天的天气，一查便知！我们可以先查一查今天北京的天气情况，再查一查百兽岛的天气。”

小喵科技站

在小喵科技站里，添加“百度大脑”和“和风天气”插件，重点来了解下“和风天气”插件中关于读取天气情况的积木。

我们首先来添加扩展。单击Kittenblock项目编辑器左下角的“添加扩展”按钮，会弹出“选择一个扩展”窗口。接下来单击“人工智能”选项，选择本课中要用到的“和风天气”，在积木类型列表中就会出现“和风天气”类别。如下图所示：

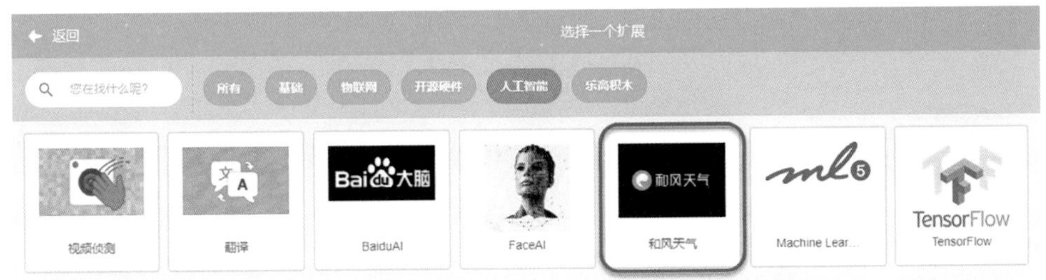

加载成功后，单击“和风天气”模块，出现和风天气的所有积木。如下图所示：

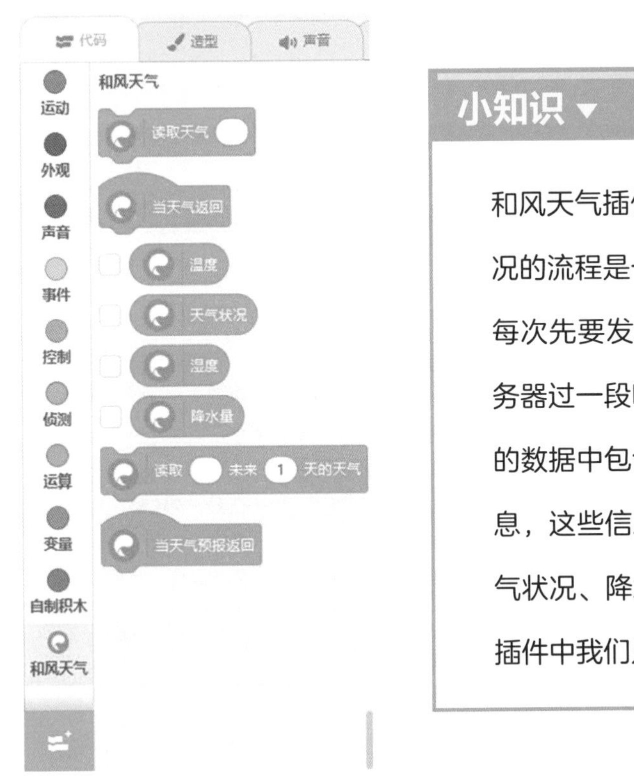

小知识

和风天气插件中的积木读取天气情况的流程是一个异步流程，也就是每次先要发API请求给服务器，服务器过一段时间会返回数据，返回的数据中包含了我们需要的天气信息，这些信息包含温度、湿度、天气状况、降水量等。“和风天气”插件中我们只选择前四类讲解。

积木具体描述如下表所示：

和风天气积木表

积木	积木描述
读取天气 ( )	访问和风天气服务器，发送读取某个地方当天的天气情况的请求
当天气返回	等待天气情况数据的返回
温度　天气状况　湿度　降水量	温度、天气状况、湿度和降水量的数值
读取 ( ) 未来 (1) 天的天气	访问和风天气服务器，发送读取某个地方未来第几天的天气情况的请求

小试牛刀

- **读取北京的天气情况**

和风天气的这些积木块我们已经了解了，试一试读取北京当天的天气状况并在舞台上显示。在“读取天气”积木块文本框中输入“北京”，等一会儿，小喵就在舞台上报告北京当天的天气状况了。先从背景库中添加“Boardwalk”背景。使用默认的小猫角色，并将角色名称修改为“小喵”。然后选中小喵角色，开始编写脚本。当脚本开始运行的时候，访问和风天气服务器，发送读取北京当天的天气状况的请求。当天的天气状况数据返回的时候，在舞台上显示。脚本如上页图所示。

右面的这张图展示的是北京2021年6月21日上午11点的天气状况。天气状况包括晴、阴、多云、小雨等。

- **读取北京未来的天气状况**

我们再试一试读取北京未来的天气状况。先从背景库中添加“Boardwalk”背景。使用默认的小猫角色，并将角色名称修改为“小喵”。然后选中小喵角色，开始编写脚本。当脚本开始运行的时候，访问和风天气服务器，发送读取北京未来第五天的天气状况的请求。天气状况数据返回的时候，在舞台上显示并朗读北京未来第五天的天气情况。脚本如上图所示。

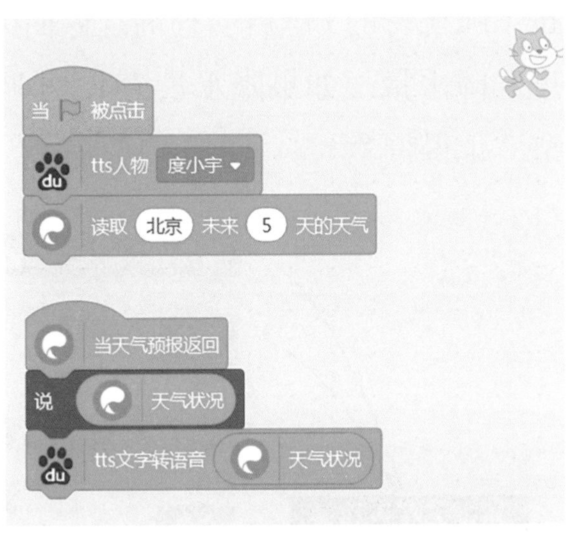

这个脚本测试的日期是2021年6月21日上午11点，所以和风天气返回的是2021年6月26日北京的天气状况。我们可以读取任何城市未来十五

天以内的天气情况。效果如右图所示。

挑战自我

• 思维向导

我们一起编写使用和风天气以及JoyFrog插件来了解天气情况的脚本。加载和风天气以及JoyFrog插件，通过呱比特的摇杆上下摇动设置查询未来第几天的天气，设置好之后按下呱比特的Y键启动查询。返回天气预报情况、温度、湿度和降水量。如果降水量为0，小喵欢快地跳一跳，否则提醒“记得带伞”。

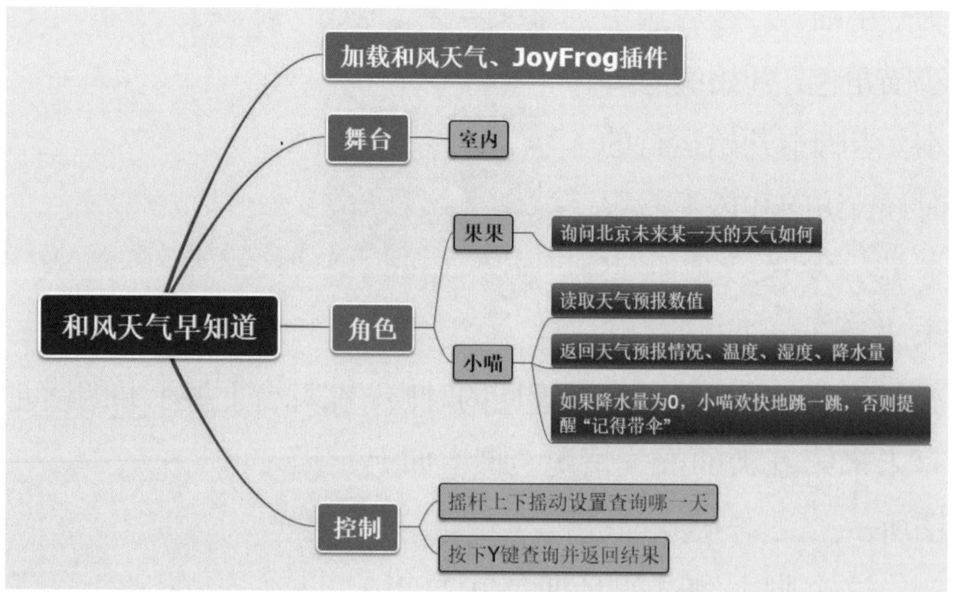

• 创建背景和角色

我们先来创建舞台。单击“选择一个背景”，选择“室内”，从系统背景库中选择“Room 2”。背景如下图所示：

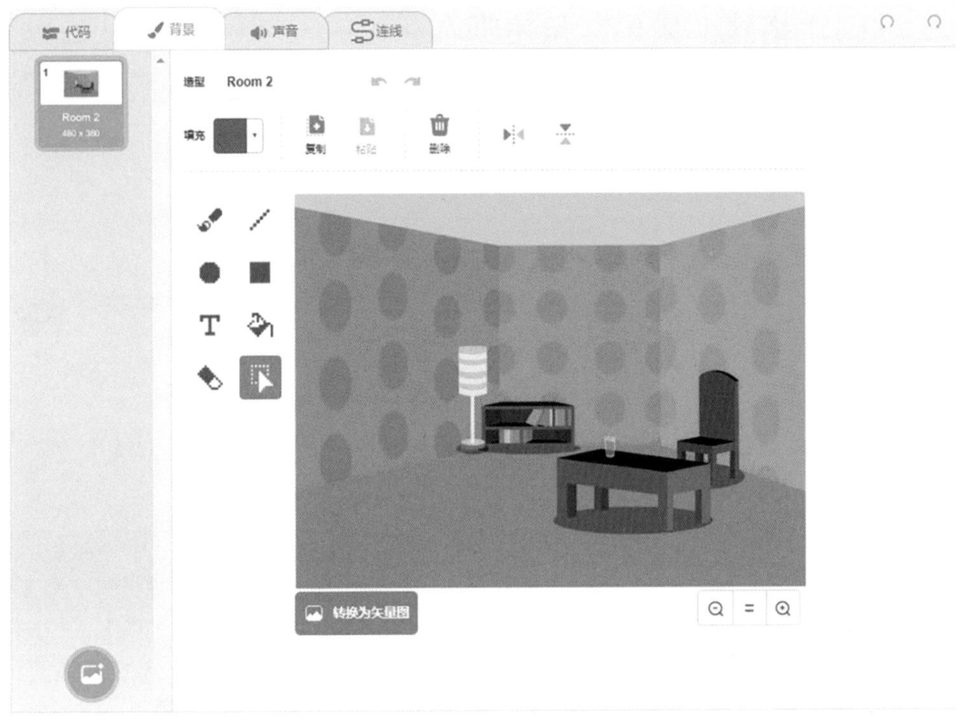

接着，我们来创建角色。使用默认的角色小猫，并修改名字为“小喵”，将其移动到合适位置并调整至适宜大小。单击“上传角色”，从本地文件夹中导入“果果”角色并调整至适宜大小。如下图所示：

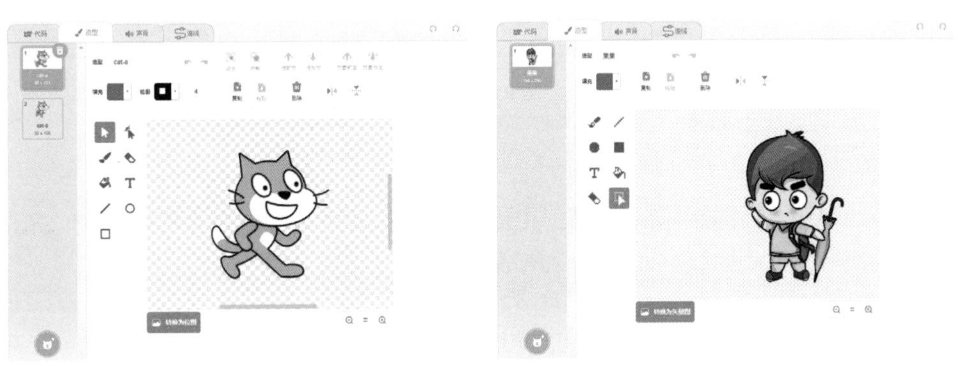

• 搭建脚本

（1）搭建“果果”角色脚本

果果非常想知道北京未来几天的天气状况、温度、湿度以及降水量，我们该如何去帮助他呢?

不着急，我们先让果果选择一下他想知道北京未来哪一天的天气状况，我们可以查询未来1～7天中任意一天的天气状况。

脚本和效果如下表所示：

角色	脚本	预期效果
	当按键 ↑ 按下 如果 未来天数 < 7 那么 将 未来天数 增加 1 当按键 ↓ 按下 如果 未来天数 > 1 那么 将 未来天数 增加 -1	当呱比特摇杆向上时，如果查询的未来天数小于7，则变量“未来天数”增加1。 当呱比特摇杆向下时，如果查询的未来天数大于1，则变量“未来天数”减少1

果果已经设置好想要查询哪一天了，可以开始查询了吧?

当然可以了，让果果按下Y键确定选择，发送一条消息给你，你就可以开始查询了。

脚本和效果如下表所示：

角色	脚本	预期效果
	当按键 Y ▾ 按下 说 连接 小喵，北京未来 和 连接 未来天数 和 天的天气情况如何? tts文字转语音 连接 小喵，北京未来 和 连接 未来天数 和 天的天气情况如何? 广播 天气查询 ▾	按下呱比特上面的Y按键，果果提问未来天气并发送广播“天气查询”

（2）搭建“小喵”角色脚本

哎呀，如果果果没有用摇杆设置天气怎么办呢?

不要着急，如果果果没设置查询哪一天，你就默认查询明天的天气吧。

角色	脚本	预期效果
	当 被点击 将 未来天数 ▾ 设为 1	当点击绿旗时，将变量“未来天数”设置为1。

果果已经发送“天气查询”的广播给我了。

那你可以开始查询了，记得要查询果果想知道的那一天。

脚本和效果如下表所示：

角色	脚本	预期效果
	当接收到 天气查询 读取 北京 未来 未来天数 的天气	当接收到广播“天气查询”，启动天气预报查询

好期待把天气状况告诉果果啊。

发送询问天气状况的请求是第一步，还需要接收天气状况并朗读出来。

脚本和效果如下表所示：

角色	脚本	预期效果
	当天气数据返回 说 连接 连接 北京未来 和 连接 未来天数 和 天的天气状况为: 和 天气状况 tts文字转语音 连接 连接 北京未来 和 连接 未来天数 和 天的天气状况为: 和 天气状况 tts文字转语音 连接 温度 和 温度 tts文字转语音 连接 湿度 和 湿度 tts文字转语音 连接 降水量 和 降水量	当天气的数值返回，朗读北京的天气状况、温度、湿度和降水量

我成功地帮助果果了解到北京的天气情况了，比如2021年6月21日中午12点，天气晴，温度为33摄氏度，相对湿度为25%，降水量为0。

小喵，你真棒！再给你一个任务，根据降水量的情况，给果果一个“出门要不要带伞”的提醒。

脚本和效果如下表所示：

角色	脚本	预期效果
	如果 降水量 = 0 那么 tts文字转语音 可以放心游玩了 说 可以放心游玩了 否则 tts文字转语音 出门记得带伞 说 出门记得带伞	如果降水量为0，朗读并显示“可以放心游玩了”；否则，显示并朗读“出门记得带伞”

我已经成功地通过降水量是不是0判断可不可以出去游玩，如果是0可以出去游玩，否则需要带伞，果果、可可一定会感谢我的！

如果不下雨，你该高兴地跳一跳啊！

脚本和效果如下表所示：

角色	脚本	预期效果
	重复执行 10 次 将y坐标增加 3 重复执行 10 次 将y坐标增加 -3	重复10次y坐标增加3，接着重复10次y坐标减3，实现小喵上下跳跃的效果

将上述三段脚本连接在一起，构成了小喵第二段完整的脚本。如下图所示：

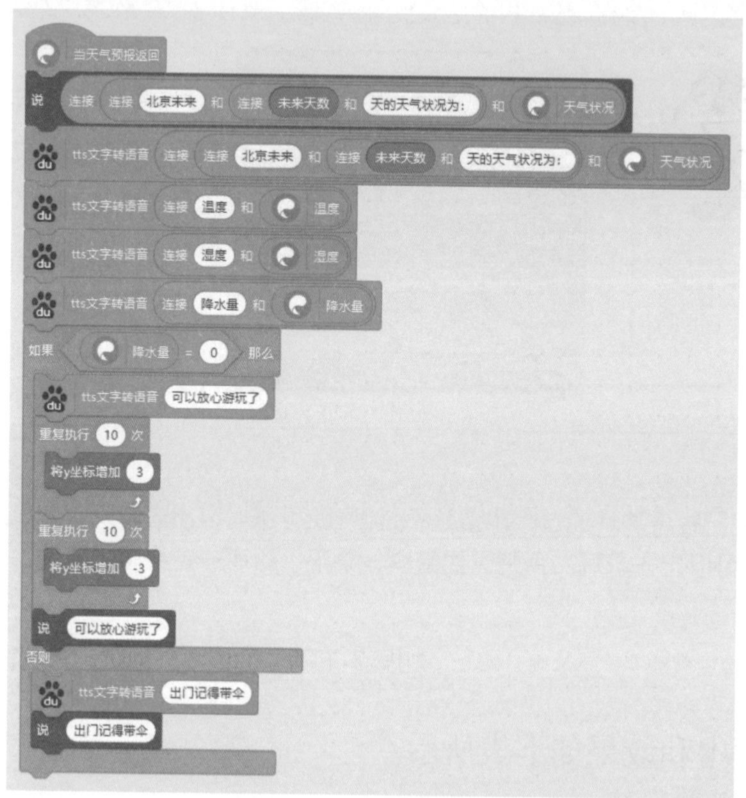

通过果果和小喵的交流，我们可以轻松获得北京或者其他城市的天气情况，而且小喵还非常智能，会根据降水量来进行温馨提示。赶快运行脚本，测试一下吧！效果如右图所示。

拓展练习

（1）查询两座城市的天气情况

增加一个角色，利用广播功能查询两座城市的天气情况。

（2）查询任意城市的天气情况

与语音识别相结合，随意查询一座城市的天气情况，朗读并显示出来。

糖果能量站

智慧气象是云计算、物联网、移动互联、大数据等技术的深度应用，让天气服务不再只是一些冰冷的数据，而是可以为旅游、交通、农业等多领域提供定制化服务。用户可以自定义属于自己的天气服务，提醒自己可以在什么样的天气做什么样的事情。如“天气衣橱”根据天气提示穿衣；“智慧气象”服务与自动驾驶融合，将气象数据与行驶路线、车辆状况等大数据结合起来，为人们提供更加便捷、舒适的驾乘体验。

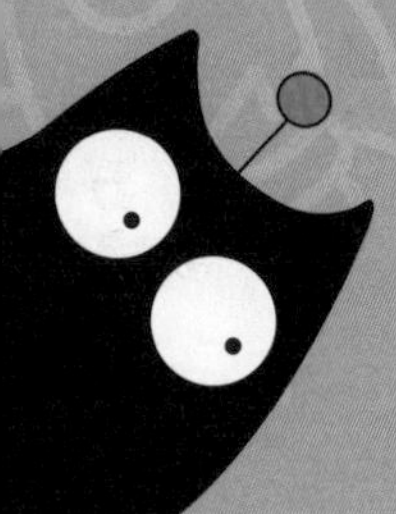

6 青蛙专家识天气

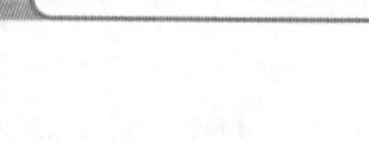

果果和可可知道了如何获得百兽岛的天气状况，但是他们却不知道针对不同的天气状况该做哪些旅行准备。“要是有一位天气专家能给我们指导一下该多好！”果果、可可对小喵说。小喵在一旁晃着脑袋调皮地说：“其实你们根本不用担心，我们糖果小镇有一位对天气无所不知、无所不晓的神秘人物——青蛙专家，你们有任何天气问题，问一问他便知道了。现在让我们一起去找他，让他给你们做具体的天气指导吧。”

小喵科技站

在小喵科技站里，添加“百度大脑”“和风天气”插件，方法同前文所述，此处不再赘述。

小知识

天气专家系统

专家系统是重要的人工智能模型，也是唯一一个不用在运算能力上下功夫的人工智能模型。它可以解答某一领域内的专业问题，这些问题一般都有标准答案。标准答案都是靠人类的经验总结出来的，不是靠计算得出来的。

小试牛刀

下面我们来做一个根据天气情况提示外出注意事项的专家系统。先从背景库中添加“Garden-rock”背景。使用默认的小猫角色，并将角色名称修改为“小喵”。然后我们来编写脚本，当按下空格按键时，计算机将询问“请问你需要哪些天气帮助？”我们的语音回答被识别后转为文本，文本与知识题库进行匹配（这也是专家系统的核心），系统针对天气情况给出回答。脚本如下图所示：

语音输入“天气晴”“天气阴”“下雨”，匹配成功后，会给出相应的措施和提醒。这个专家系统极其简单，询问天气情况，只有对应得非常精准才能得到回答，语音输入多一个字或者少一个字都不会得到回答。效果如右图所示。

• 穿衣专家指南

在上个项目中，我们设计了一个简单的根据天气情况提醒人们是否外出活动和如何穿衣的专家系统。在本项目中，我们来做一个升级版的、根据气温提示穿衣的专家系统（将和风天气返回的温度值和专家系统进行结合）。

先从背景库中添加“Mountain”背景。使用默认的小猫角色，并将角色名称修改为“小喵”。然后选中小喵角色，开始编写脚本。当脚本开始运行的时候，访问和风天气服务器，发送读取北京当天天气的请求。天气情况数据返回的时候，根据气温的数值对应不同的穿衣指南。脚本如下图所示。

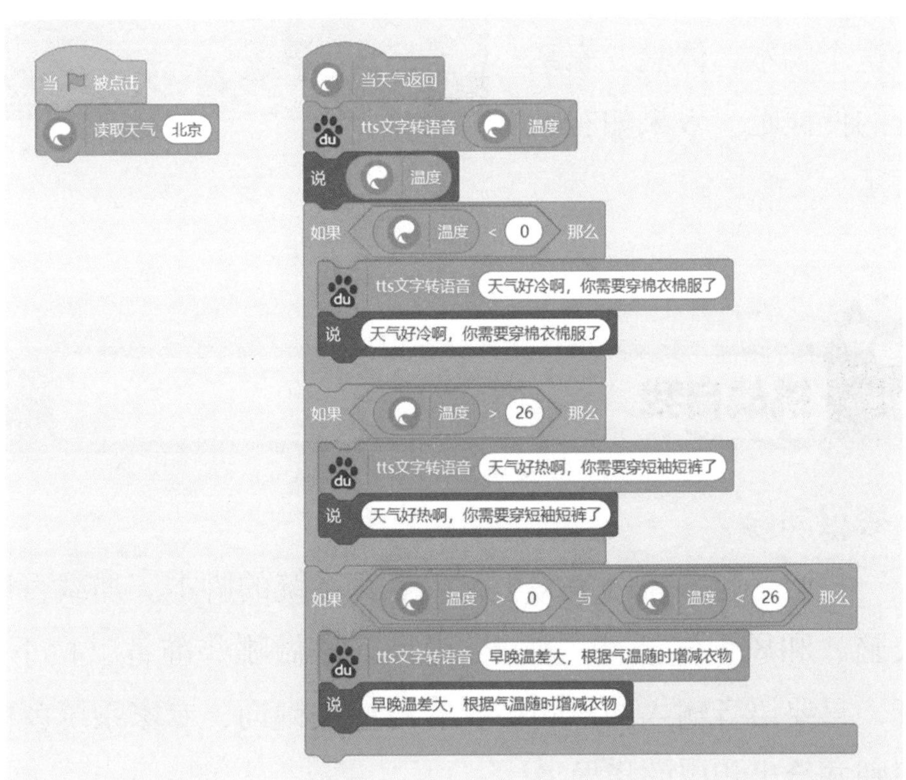

根据北京当天的气温数值对应不同的穿衣指南，此专家系统只是将温度的数值分了三段。当返回的气温数值低于0的时候，舞台显示并朗读“天气好冷啊，你需要穿棉衣棉服了”；当返回的气温数值高于26的时候，舞台显示并朗读“天气好热啊，你需要穿短袖短裤了”；当返回的气温数值在0～26之间，舞台显示并朗读“早晚温差大，根据气温随时增减衣物”。如将温度的数值每隔5分一段，对应的穿衣专家系统就会更加完善。先来运行这个脚本，体验专家系统的便捷吧。效果如右图所示。

挑战自我

- **思维向导**

我们一起编写一个关于天气专家系统的脚本。加载百度大脑、和风天气插件，按下q键询问该做哪些准备，按下w键，只要语音输入的语句中含有对应关键词，专家系统就能识别并给出相应的指导。

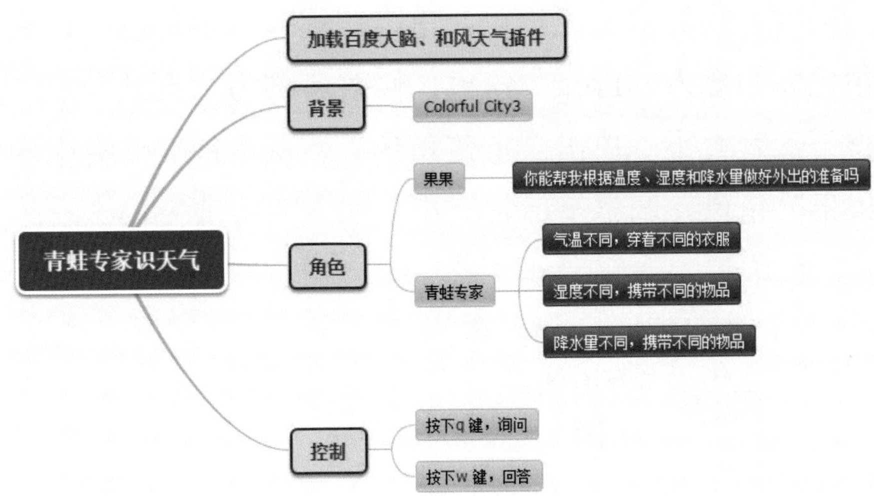

• 创建背景和角色

我们先来创建舞台。单击“选择一个背景”，选择“室内”，从系统背景库中选择“Colorful City3”。背景如下图：

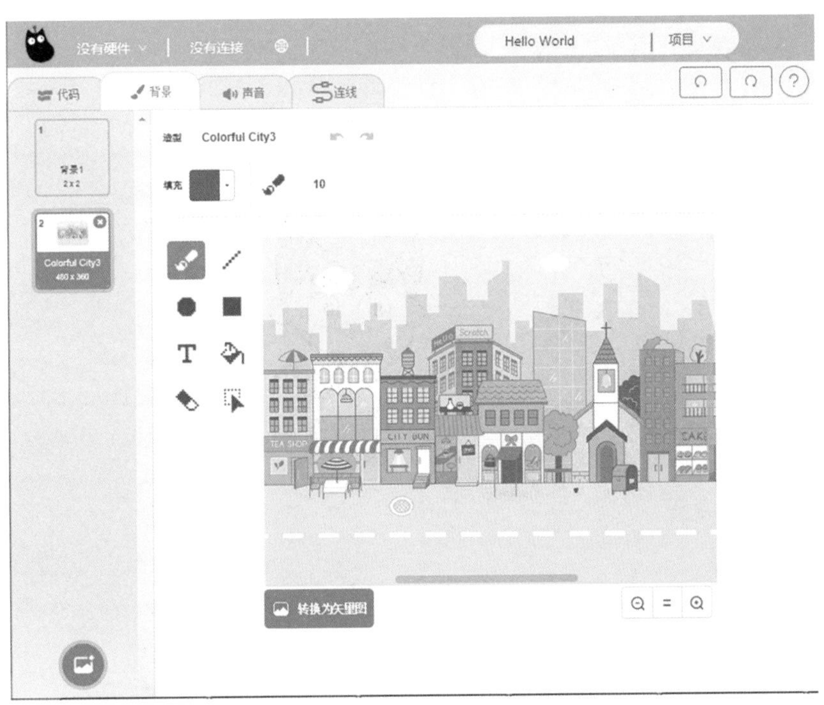

接着，我们来创建角色。单击“选择一个角色”，从系统角色库中导入“Frog”角色，修改名称为“青蛙专家”并调整至适宜大小。单击“上传角色”，从本地文件夹中导入“果果”角色并调整至适宜大小。如下图所示：

• 搭建脚本

（1）搭建“果果”角色脚本

在第5课“游玩天气早知道”中，果果、可可已经知道了如何查询百兽岛的天气情况，但是他们却不知道该如何准备旅行物品，我们找青蛙专家帮帮他们吧。

好的，让我们先来了解他们想知道哪些方面的信息，按下键盘上的一个键，在舞台上显示询问语并朗读出来。

脚本和效果如下表所示：

角色	
脚本	当按下 q 键 tts人物 度小宇 tts文字转语音 青蛙专家，你能帮我根据温度、湿度和降水量准备外出的物品吗？ 说 青蛙专家，你能帮我根据温度、湿度和降水量准备外出的物品吗？
预期效果	当按下“q”键，朗读并在舞台上显示“青蛙专家，你能帮我根据温度、湿度和降水量准备外出的物品吗？”

（2）搭建“青蛙专家”角色脚本

小镇的青蛙专家随时都在为游客们服务，果果、可可遇到的天气问题它一定也会轻松解决的。

按下“w”键，语音询问“你想了解哪些信息呢？”青蛙专家不需要精准的回答，只要回答中包含一个或者几个关键词，就会做出相应的专家指导。

脚本和效果如下表所示：

角色	脚本	预期效果
	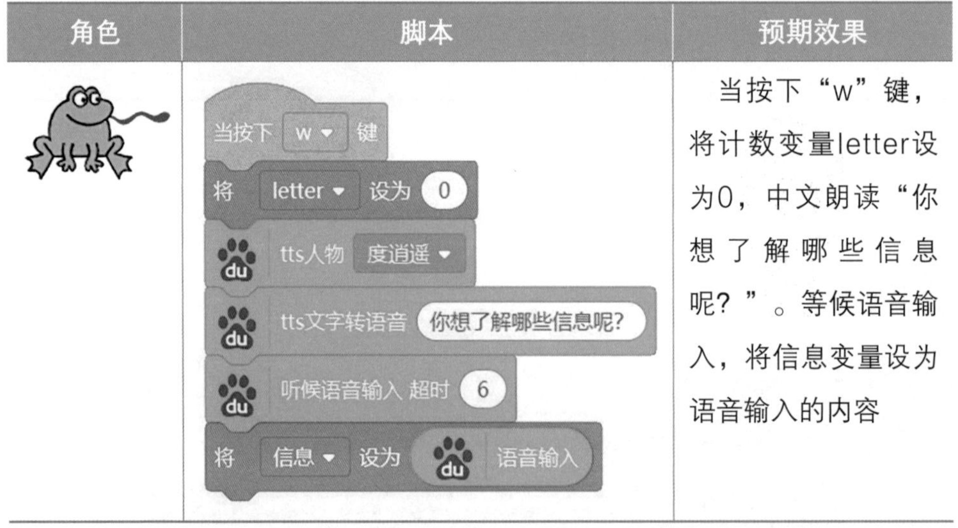	当按下“w”键，将计数变量letter设为0，中文朗读“你想了解哪些信息呢？”。等候语音输入，将信息变量设为语音输入的内容

我们已经帮助果果了解了有关温度的信息，那继续帮助他了解有关温度的建议吧。

好的，现在就让我们告诉他根据不同的温度应做好哪些准备，让他们的旅行更加顺利。

脚本和效果如下表所示：

角色	
脚本	重复执行 (信息 的字符数) 次 将 letter 增加 1 如果 (信息 的第 letter 个字符) = 气 那么 如果 (信息 的第 (letter + 1) 个字符) = 温 那么 tts文字转语音 如果气温过高，你要穿着凉爽的衣物，注意要多喝水，防止中暑。 tts文字转语音 如果气温过低，你要适当添加衣物。
预期效果	根据语音输入的内容，多少个字符数就重复执行多少次。每次将计数变量letter增加1，检测语音输入的内容中是否包含“气”和“温”。当检测到包含“气”和“温”的信息时，语音播报给予出行建议：“如果气温过高，你要穿着凉爽的衣物，注意要多喝水，防止中暑。”“如果气温过低，你要适当添加衣物。”

根据气温的情况，已经给出了相应的专家指导。

是的，下面我们用相同的方法根据不同的湿度给出合理的建议，让他们能有一个快乐的旅程。

脚本和效果如下表所示：

<table>
<tr><td>角色</td><td></td></tr>
<tr><td>脚本</td><td>重复执行 （信息 的字符数） 次
　将 letter ▾ 增加 （1）
　如果 〈（信息 的第 （letter） 个字符） = 湿〉 那么
　　如果 〈（信息 的第 （（letter） + （1）） 个字符） = 度〉 那么
　　　tts文字转语音 如果湿度过高，你要减少剧烈运动，防止中暑。
　　　tts文字转语音 如果湿度过低，注意适当补充水分。</td></tr>
<tr><td>预期效果</td><td>根据语音输入的内容，多少个字符数就重复执行多少次。每次将计数变量letter增加1，检测语音输入的内容中是否包含“湿”和“度”。当检测到包含“湿”和“度”的信息时，语音播报给予出行建议“如果湿度过高，你要减少剧烈运动，防止中暑。”“如果湿度过低，注意适当补充水分。”</td></tr>
</table>

只要语音输入中包含关键字，就可以给出相应的建议，专家系统真是太棒了。

对了，别忘了给出降雨的建议，并加上一句“祝你旅途愉快！青蛙专家时刻准备帮助你！”

脚本和效果如下表所示：

角色	
脚本	重复执行 信息 的字符数 次 将 letter 增加 1 如果 信息 的第 letter 个字符 = 降 那么 如果 信息 的第 letter + 1 个字符 = 雨 那么 tts文字转语音 如果下雨，你要带着雨具，注意路上的积水。 tts文字转语音 如果不下雨，可以伴着阳光出去游玩。 tts文字转语音 祝你旅途愉快！青蛙专家时刻准备帮助你！
预期效果	根据语音输入的内容，多少个字符数就重复执行多少次。每次将计数变量letter增加1，检测语音输入的内容中是否包含“降”和“雨”。当检测到包含“降”和“雨”的信息时，语音播报给予出行建议“如果下雨，你要带着雨具，注意路上的积水。”“如果不下雨，可以伴着阳光出去游玩。” 给出建议后，要朗读“祝你旅途愉快！青蛙专家时刻准备帮助你！”

将上述青蛙角色的脚本进行连接，构成完整的脚本。完整脚本如下图所示：

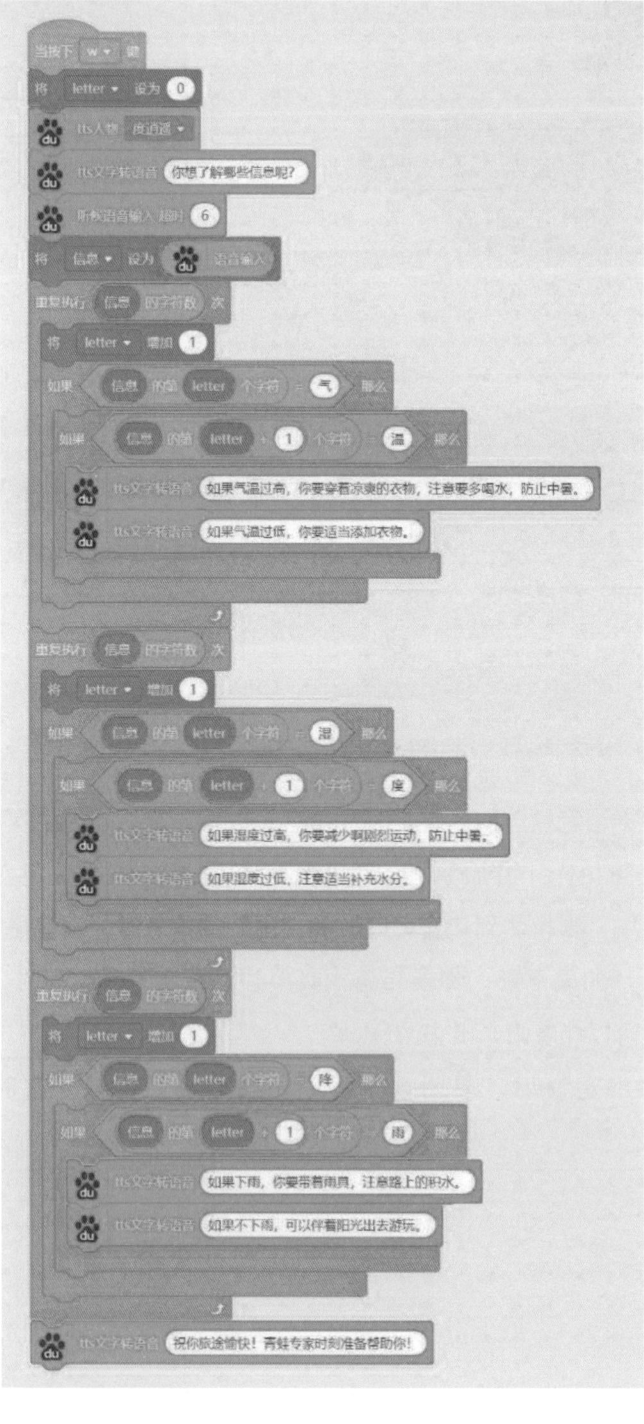

```
当按下 w 键
将 letter 设为 0
tts人物 度逍遥
tts文字转语音 你想了解哪些信息呢?
聆听语音输入 超时 6
将 信息 设为 语音输入
重复执行 信息 的字符数 次
    将 letter 增加 1
    如果 信息 的第 letter 个字符 = 气 那么
        如果 信息 的第 letter + 1 个字符 = 温 那么
            tts文字转语音 如果气温过高，你要穿着凉爽的衣物，注意要多喝水，防止中暑。
            tts文字转语音 如果气温过低，你要适当添加衣物。
重复执行 信息 的字符数 次
    将 letter 增加 1
    如果 信息 的第 letter 个字符 = 湿 那么
        如果 信息 的第 letter + 1 个字符 = 度 那么
            tts文字转语音 如果湿度过高，你要减少剧烈运动，防止中暑。
            tts文字转语音 如果湿度过低，注意适当补充水分。
重复执行 信息 的字符数 次
    将 letter 增加 1
    如果 信息 的第 letter 个字符 = 降 那么
        如果 信息 的第 letter + 1 个字符 = 雨 那么
            tts文字转语音 如果下雨，你要带着雨具，注意路上的积水。
            tts文字转语音 如果不下雨，可以伴着阳光出去游玩。
tts文字转语音 祝你旅途愉快！青蛙专家时刻准备帮助你！
```

这个专家系统相比前两个专家系统有了很大的改进，但是后期我们需要对此专家系统进行优化，扩充专家知识库，扩展关键词同义词库，使其成为更加智能的专家系统。效果如下图：

拓展练习

（1）哪种出行方式最方便?

根据天气情况，选择合适的出行方式，请制作一个有关出行的专家系统。

（2）你想吃什么？

到达目的地游玩后，到了吃饭的时间，根据你想吃的食物制作一个有关当地特色小吃的专家系统。

糖果能量站

智能机器人“专家系统”是一个计算机脚本系统，是在复杂领域内求解问题的高性能脚本。复杂领域是指领域的知识复杂而庞大，往往具有不确定性和经验性。高性能是指脚本的功能与效率可以同该领域最好的专家相比。有些问题过去只有相关领域的专家才能解决，而如今可以把专家的知识和经验编入计算机，使其模仿专家的推理过程，对问题给出专业的解答，因此专家系统可以说是“人工专家”。

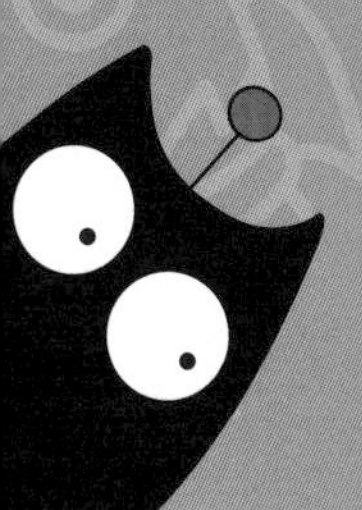

7 声控汽车初体验

据说糖果小镇有一座音符山谷，那里有魔幻的音符和跳跃的音乐精灵。果果、可可一下子就被吸引了，这么诱人的音符山谷怎么能不去游玩一番呢！只是去音符山谷的路上荆棘丛生，还有怪兽出没，凭果果、可可的驾驶技术根本不可能顺利到达。不过呢，糖果小镇是个人工智能小镇，重复的工作都将由机器来代替，一定可以用高科技来完成自动驾驶。

小喵科技站

在小喵科技站里添加“百度大脑”和“画笔”插件，了解“画笔”插件中的积木功能，使用画笔画出声音的“模样”。我们首先来添加扩展，单击Kittenblock项目编辑器左下角的“添加扩展”按钮，会弹出“选择一个扩展”窗口。加载“百度大脑”插件方法同前文，此处不再赘述。接下来从打开的“选择一个扩展”窗口的“基础”中选择本章用到的“画笔”插件，在积木类型列表中就会出现“画笔”类别。如下图所示：

小知识

在Scratch2.0中，画笔积木是单独的一个模块。Scratch3.0中认为初学者难以掌握画笔模块中的积木，所以将其放置在扩展插件中。由于Kittenblock是基于Scratch3.0的，所以使用者可以根据自己的需要添加扩展。

加载成功后，单击“画笔”模块，出现画笔的所有积木。如下图所示：

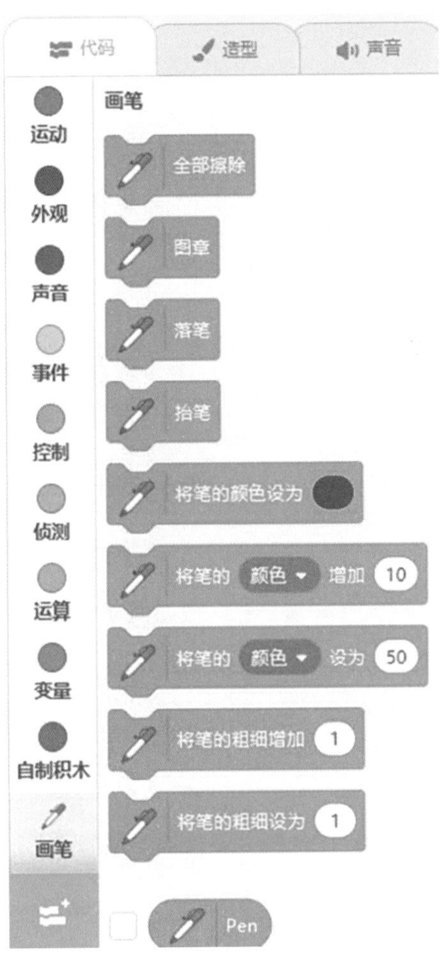

主要积木具体描述如下表所示：

画笔主要积木表

积木	积木描述
全部擦除	清除当前舞台上所有的笔迹

续表

积木	积木描述
图章	把角色当成图章，在舞台上盖章
落笔	把角色当成画笔，角色移动时会在舞台上留下笔迹
抬笔	抬起角色画笔，角色移动时不会留下笔迹
将笔的颜色设为 ●	将画笔的颜色设为指定的颜色
将笔的 颜色▼ 增加 10	改变画笔笔迹的显示颜色
将笔的 颜色▼ 设为 50	设置画笔笔迹的颜色
将笔的粗细增加 1	改变画笔笔迹的粗细
将笔的粗细设为 1	设置画笔笔迹的粗细

小试牛刀

- **声控飞猫**

在这个项目中，我们编写一个声控飞猫的脚本。使用侦测模块中的响度积木来做“声控飞猫”的脚本，只需要发出一定分贝的声音，就可以让飞猫上下自如“飞行”了。先从背景库中添加“Blue Sky2”背景。删除默认的小猫角色，点击角色列表右下角的“选择一个角色”按钮，在弹出的列表中选择“cat flying”角色，并修改名称为飞猫。然后选中飞猫角色，开始编写脚本，此脚本有两段。

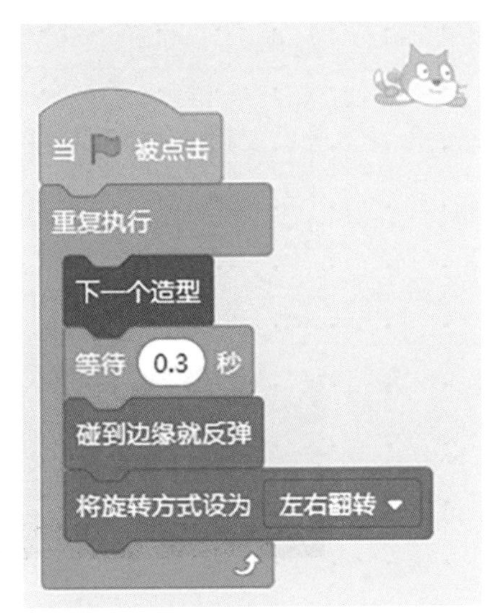

第一段脚本：当脚本开始运行的时候，让飞猫角色重复变换下一个造型，当碰到舞台的边缘，将旋转方式设为左右翻转。脚本如右图所示：

我们接着搭建第二段脚本。第二段脚本控制飞猫根据响度的检测数值，在“空中”不断上下飞翔。脚本运行的时候，将角色移动到x：-178、y：10。飞猫每次移动1步，如果检测到响度大于30，就将y的坐标增加1，否则将y的坐标减少1。脚本如右图所示：

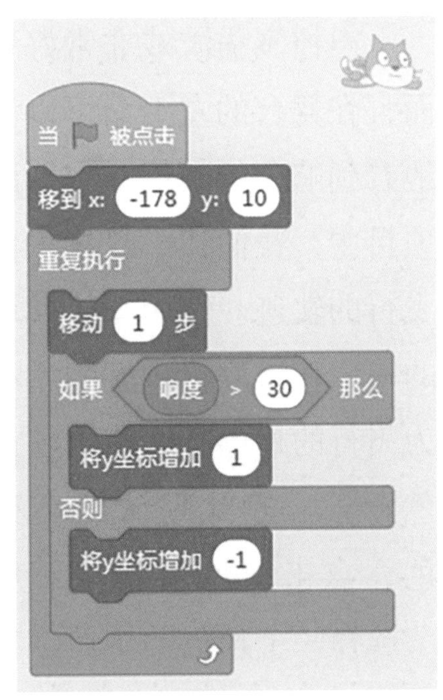

当绿旗被点击后，检测到声音小于设定值时，飞猫会向下掉落，声音响度大于设定值时，飞猫会向上回升。赶快让

飞猫真正“飞”起来吧，但是要注意控制音量的大小。效果如下图所示：

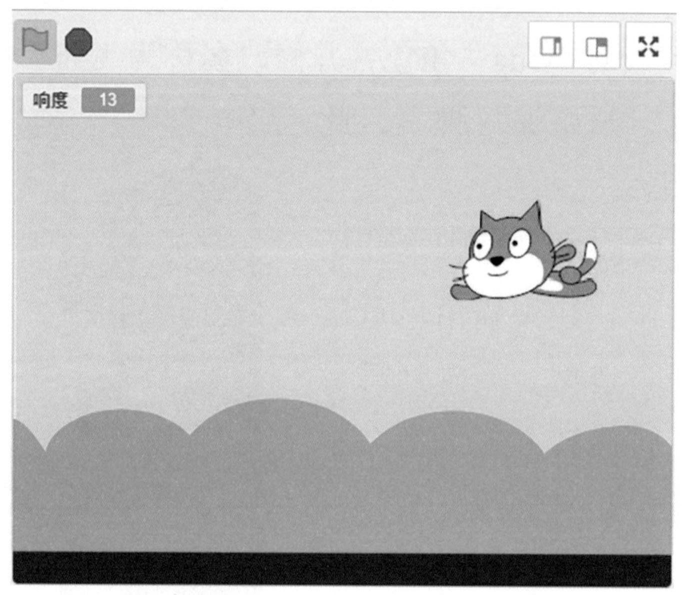

- **留下蝴蝶飞行轨迹**

声控飞猫游戏非常好玩，而且在舞台的左上角可以清楚地看到响度的数值。在下面的项目中，我们让一只蝴蝶留下飞行的轨迹。使用画笔模块中的积木就可以将响度的大小作为飞行的痕迹。先使用默认白色背景。删除默认的小猫角色，点击角色列表右下角的“选择一个角色”按钮，在弹出的列表中选择“Butterfly

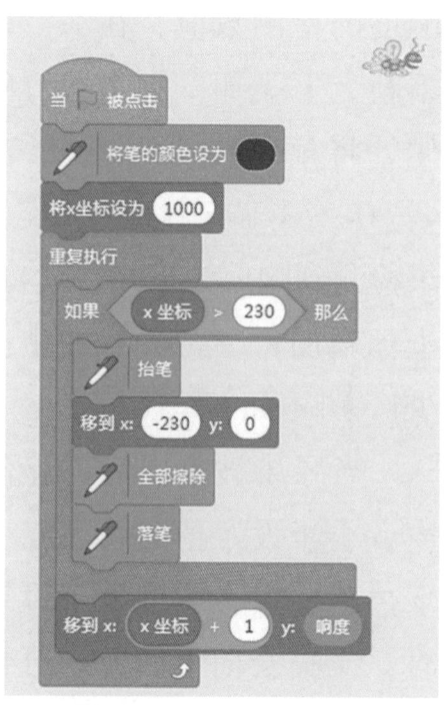

2”角色并修改名称为蝴蝶。然后选中蝴蝶角色，开始编写脚本，将画笔的颜色设置为红色，将x坐标设为1000，当x坐标大于230（舞台的最右侧），将画笔抬起，移动到舞台的最左侧，也就是x坐标–230、y坐标0。将留在舞台上的画笔痕迹全部擦除，再次将画笔落下。跳出循环，蝴蝶角色每次将其x坐标增加1，y坐标设置为响度数值。脚本如上图所示：

在本项目中，要好好体会舞台的坐标关系。舞台的正中心为x：0、y：0。舞台最左侧、最右侧、最上面、最下面的x、y的坐标是多少呢？测试时会发现，蝴蝶后面拖了一条长长的“尾巴”，这是画笔将响度绘制在舞台上了。效果如右图所示：

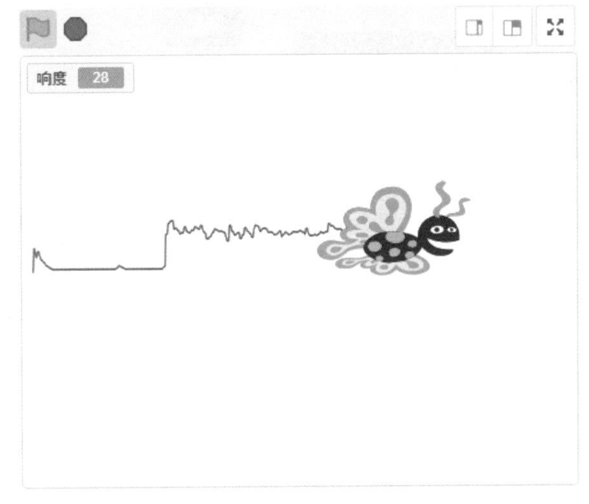

挑战自我

- **思维向导**

我们一起编写一个声控汽车穿越障碍物的脚本。添加响度侦测积木块，实时侦测外部声音，通过声音的大小控制小汽车前进、躲避障碍并切换场景，同时显示计时器记录运行时间，最后顺利到达音符山谷。我们使用呱比特的旋钮来控制躲避障碍的难易程度。

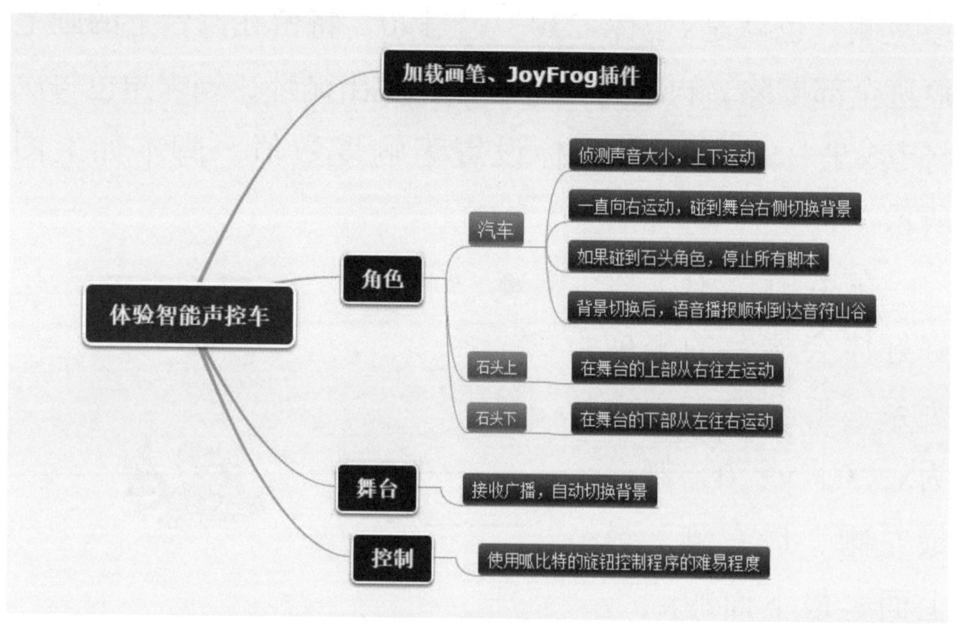

- **创建背景和角色**

我们先来创建舞台。单击“选择一个背景”，从系统背景库添加背景1“Blue Sky”和背景2“Castle 2”。如下图所示：

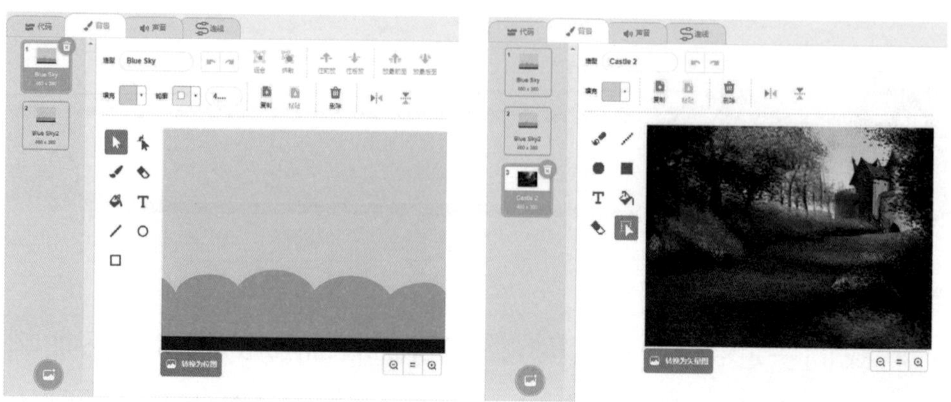

接着，我们来创建角色。单击“选择一个角色”，从角色库中选择“convertible 2”角色，并修改名称为“汽车”。单击“上传角色”，从本地文件夹中导入“石头”角色，复制石头角色，并分别修改名称为“石头上”“石头下”，调整其大小和位置。如下图所示：

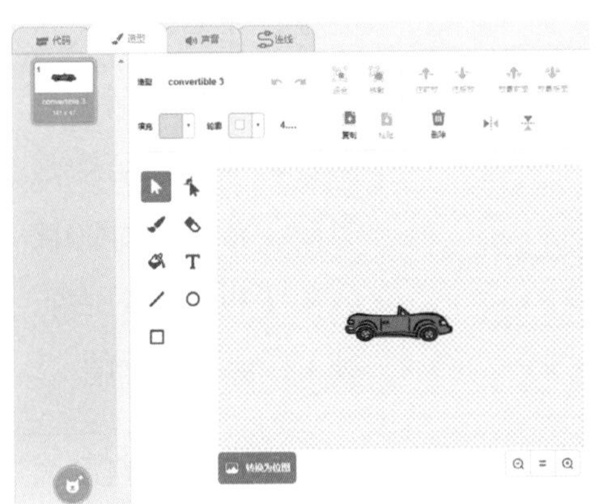

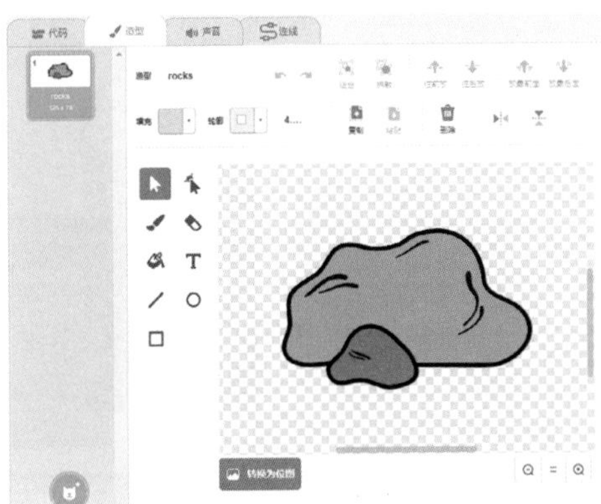

- **硬件连接**

将旋钮电位器连接到呱比特的3号口，然后用数据线将呱比特连接到计算机。如右图所示：

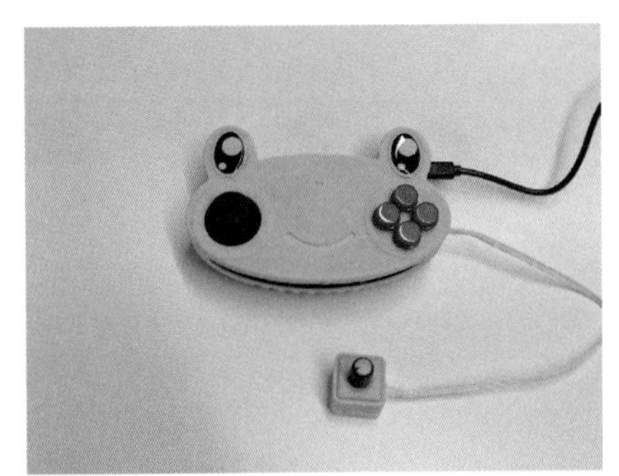

- **搭建脚本**

（1）搭建“汽车”角色脚本

果果和可可要出发了，快点让他们坐上声控智能车去音符山谷。

不要着急，可以给汽车编写脚本，让它在舞台上先向右动起来，才能让它实现我们下一步想要的自动驾驶。

脚本和效果如下表所示：

角色	脚本	预期效果
	当 🏳 被点击 tts人物 度小宇 ▾ 换成 Blue Sky ▾ 背景 移到 x: -178 y: 10 计时器归零 将大小设为 100 重复执行 将 时间 ▾ 设为 计时器 面向 90 方向 移动 1 步	当绿旗被点击的时候，换成Blue Sky背景，计数器归零。 将汽车角色的大小设定为100，将计数器所计数值赋值给变量时间，角色面向90度方向（也就是向右行驶），每次移动1步
	如果 响度 > 30 那么 将y坐标增加 1 否则 将y坐标增加 -1	如果检测到响度大于30，就将y坐标增加数值1，否则将y的坐标减少1。 此段脚本是让汽车在向右移动的过程中，侦测响度来控制汽车y坐标的位置
	如果 碰到 石头上 ▾ ? 或 碰到 石头下 ▾ ? 那么 说 声控驾驶技术有待提高 tts文字转语音 声控驾驶技术有待提高 停止 全部脚本 ▾	如果碰到“石头上”角色或者“石头下”角色，舞台上显示并朗读“声控驾驶技术有待提高”，同时停止所有脚本运行

续表

角色	脚本	预期效果
	如果 x坐标 = 230 那么 移到 x: -178 y: 10 广播 切换	如果x坐标等于230，也就是汽车到达了舞台的最右侧，将其移动到舞台的左侧（x：-178、Y：10），广播“切换”消息，将背景切换为音符山谷的背景

将上述后三段的脚本放入第一段脚本的“重复执行”积木块中，构成汽车声控运行的完整脚本。

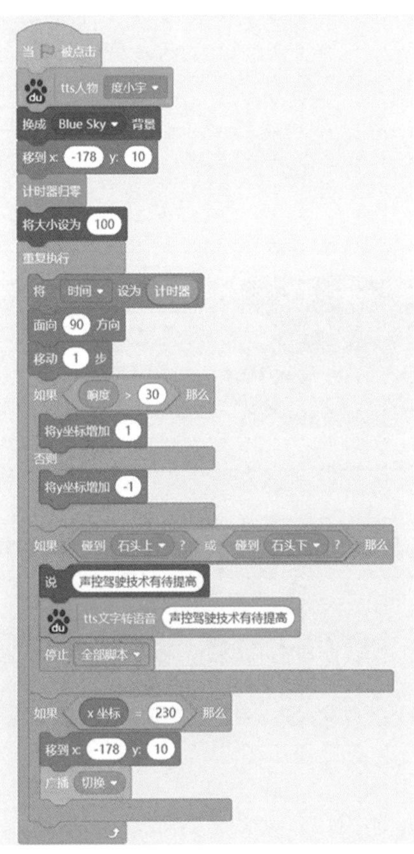

这也太简单了，我轻轻松松就可以到达终点呢。

简单？好吧，那我们来修改程序，增加设置难度的功能。我们可以使用旋钮电位器，通过“呱比特”Port3接口来设置游戏的难度系数。

脚本和效果如下表所示：

角色	脚本	预期效果
	当 被点击 将 难度系数 设为 1 重复执行 将 难度系数 设为 映射 端口 Port3 模拟值 从 0 、4095 到 1 、6	当绿旗被点击的时候，初始化变量“难度系数”为1。不断读取“呱比特”Port3接口的模拟数据（使用旋钮电位器），将模拟数值映射到1~6之间作为难度系数
	如果 响度 > 30 那么 将y坐标增加 难度系数 否则 将y坐标增加 0 - 难度系数	修改前一段脚本，将y坐标的变化幅度修改为“难度系数”

在我的帮助下，果果成功地学会如何驾驶声控汽车了！

小喵，你真棒！再给你一个任务，顺利到达后，要切换到音符山谷的背景。

脚本和效果如下表所示：

角色	脚本	预期效果
	当接收到 切换 下一个背景	当接收到“切换”消息，切换到音符山谷的背景

切换背景完成了，下一步该做什么呢?

如果他们顺利到达音符山谷，要向他们表示欢迎。

脚本和效果如下表所示：

角色	脚本	预期效果
	当背景换成 Castle 2 移到 x: -120 y: -75 说 音符山谷终于到啦! du tts文字转语音 音符山谷终于到啦! 停止 全部脚本	当背景换成“Castle 2”，“汽车”移动到舞台的合适位置（x：−120、y：−75），舞台上显示并朗读“音符山谷终于到啦！”停止运行全部脚本

（2）搭建障碍物“石头上”角色脚本

将原来的石头角色复制后，已经修改名称为“石头上”和“石头下”，这两块石头都是用来作障碍物的。

是的，一块是从右往左运动，另外一块是从左往右运动，而且运动的速度还有偏差呢。声控汽车要躲开这两个障碍物，才能顺利到达音符山谷。

脚本和效果如下表所示：

角色	脚本	预期效果
	当 ⚑ 被点击 显示 面向 -90 方向 移到 x: 190 y: 116 重复执行 移动 -2 步 重复执行直到 x坐标 < -230 将x坐标增加 -2 移到 x: 190 y: 116	当绿旗被点击的时候，在舞台显示面向-90度方向，移动到舞台的右上部（x：190、y：116），重复执行移动-2步（向左运动），当移动到舞台最左侧（x坐标小于-230），“石头上”角色再次移动到舞台的右上部。 最终的效果是石头在上部从右向左不断出现、持续移动
	当接收到 切换 隐藏	当接收到“切换”消息，将角色隐藏

（3）搭建障碍物“石头下”角色脚本

我已经明白了“石头上”角色的脚本，那么“石头下”角色是不是用一样的思路来编写呢？

编写的思路是相同的，不过需要将角色、运动方向重新设定。

脚本和效果如下表所示：

角色	脚本	预期效果
	当 被点击 显示 面向 90 方向 移到 x: -179 y: -120 重复执行 重复执行直到 x 坐标 > 230 将x坐标增加 5 移到 x: -179 y: -120	当绿旗被点击的时候，在舞台显示，面向90度方向，移动到舞台的左下部（x：−179、y：−120），重复执行移动5步（向右运动），当移动到舞台最右侧（x坐标大于230），“石头下”角色再次移动到舞台的左下部。 最终的效果是石头在下部从左向右不断出现、持续移动
	当接收到 切换 隐藏	当接收到“切换”消息，将角色隐藏

拓展练习

（1）增加多个背景

添加多个背景，当穿过一个背景后，就会更换到下一个背景，并且障碍物运行的速度越来越快，让声控汽车变成一款好玩有趣的闯关游戏。

（2）声控汽车走迷宫

绘制一个迷宫，利用对声音响度的侦测控制汽车穿过迷宫，到达指定的位置。

糖果能量站

自动驾驶汽车又称无人驾驶汽车、电脑驾驶汽车或轮式移动机器人，是一种通过计算机系统实现无人驾驶的智能汽车，在20世纪已有几十年的发展历史，21世纪初呈现出接近实用化的趋势。汽车自动驾驶技术通过视频摄像头、雷达传感器以及激光测距仪来了解周围的交通状况，并通过详尽的地图对前方的道路进行导航。汽车自动驾驶技术是物联网技术的应用之一。

8 拯救丛林角马群

糖果小镇有一片广阔的草原，叫糖果草原。果果和可可到达音符山谷后，第一站就是游览糖果草原。果果和可可在糖果草原上恰巧遇见了角马过河。听糖果老人介绍，角马一年四季为了水草而不停迁徙，每年的7～11月份，都会有大批角马为了生存渡过危机重重的河流。突然他们听到一阵惊慌的叫声，走近一看，原来是有角马快掉到河里了，果果、可可非常焦急："有没有办法救起这些角马呢？"糖果老人指示："使用视频侦测，可以把掉入河流的角马救出来。"

小喵科技站

在小喵科技站里，添加“百度大脑”和“视频侦测”插件，主要介绍“视频侦测”插件中的积木功能及使用方法。

我们首先来添加扩展。单击Kittenblock项目编辑器左下角的“添加扩展”按钮，会弹出“选择一个扩展”窗口。加载“百度大脑”与前文操作相同，此处不再赘述。接下来在打开的“选择一个扩展”窗口中单击“人工智能”选项，选择本章所用到的“视频侦测”，在积木类型列表中就会出现“视频侦测”类别。如右图所示：

加载成功后，单击“视频侦测”模块，所有积木如右图所示：

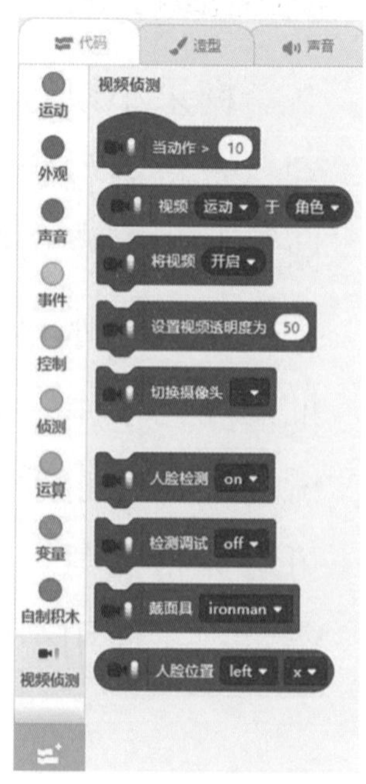

小知识

Kittenblock中的“视频侦测”插件，是通过截取视频当前的画面和之前的画面进行对比，检测画面是否有变化。根据这个原理，可以进行人脸追踪、车牌识别等。现实生活中，无人驾驶视觉识别道路的环境、视觉跟随机器人、维护治安的天网系统等都使用了视频侦测技术。

部分积木具体描述如下表所示：

视频侦测积木表

积木	积木描述
当动作 > 10	当摄像头画面变化时即可触发，数值越小越容易触发，如设置阈值为100时，即使在镜头前使劲挥手也不一定能触发成功（积木边框亮起来即触发了）
视频 运动 于 角色	角色视频侦测，用于多个角色一起与视频进行互动，此积木块返回的是数值大小。数值大小决定于画面运动部分与角色的重合程度。当没有重叠时，数值大小为1，当有运动重叠时，数值就会变大。这个积木块可用于数值的大小判断
将视频 开启	只要加载视频侦测插件，摄像头就默认开启，也可以手动关闭或者开启
设置视频透明度为 50	设置视频透明度，0为不设置透明度，100为镜头几乎全白。数值越大，视频的透明度越高

小试牛刀

• 和小喵打招呼

这么有趣、好玩的视频侦测积木，让我们用它来制作一个简单的“和小喵打招呼”互动场景。打开摄像头，设置好

透明度，对角色视频侦测数值进行判断，就可以体验互动场景了！

先将摄像头开启，舞台背景即成为摄像头的取景框，因此无须添加任何背景。使用默认的“小猫”角色，并将角色名称修改为“小喵”。然后选中“小喵”角色，开始编写脚本，访问开启的摄像头并设置透明度为50，如果角色被摄像头侦测的图像“碰到”，就会在舞台上显示并朗读“你好”。脚本如右上图所示：

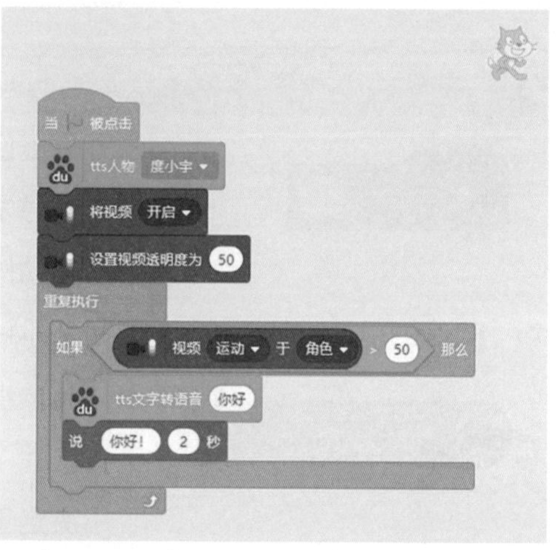

当脚本运行的时候，挥动手臂和小喵打招呼，效果如右图所示：

- **赶鸭子**

舞台上有一只鸭子，我们利用视频侦测模块中的积木试一试将它赶出舞台。先将摄像头开启，舞台背景即成为摄像头的取景框。删除默认的“小猫”角色，点击角色列表右下角的“选择一个角色”按钮，在弹出的列表中选择“Duck”角色并修改名称为“鸭子”。然后选中“鸭子”

角色，开始编写脚本，此脚本有两段。

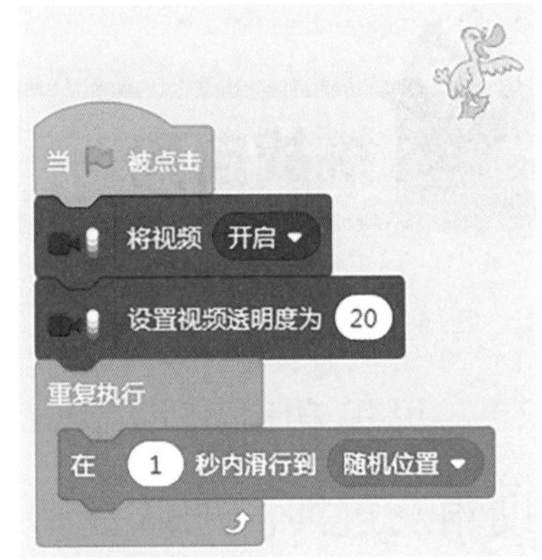

第一段脚本：当脚本开始运行的时候，开启视频，将视频透明度设置为20，让鸭子在舞台上随机出现。脚本如右图所示：

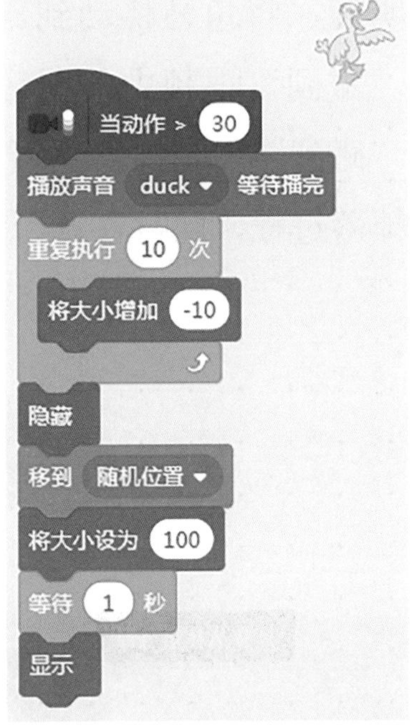

第二段脚本：当摄像头画面稍有变化时（动作大于30），即可触发脚本运行。播放“duck”声音，表示鸭子被“赶下”舞台，然后重复执行一个循环10次，每次将“鸭子”角色的大小减小10，循环结束后，将“鸭子”角色隐藏。接着将鸭子移动到舞台上的一个随机位置，大小恢复至100，等待1秒后，鸭子再次出现在舞台上。脚本如右图所示：

这是一个简单的视频应用项目，我们可以试一试改变视频侦测图像的数值大小来看一看每一次脚本运行有何不同。效果如右图所示：

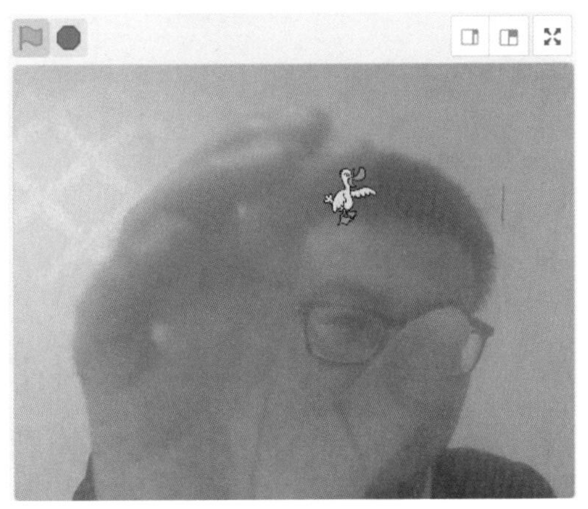

挑战自我

• 思维向导

果果和可可很想阻止角马掉入河中，我们一起想办法帮助角马过河。加载视频侦测插件，启动摄像头，设置视频透明度，将角马移动到舞台顶部，控制角马向下掉落，如果“碰到”视频中的图像，则角马回到舞台顶部，如果没有“碰到”，则掉落到河中，然后回到舞台顶部，重复下一次掉落过程，同时在舞台上记录拯救的个数和掉落的个数。

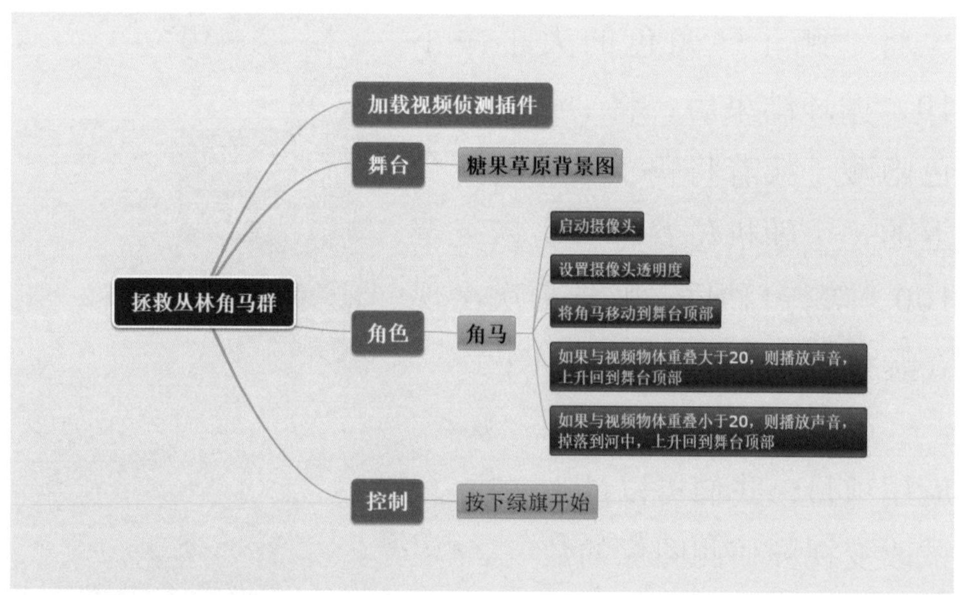

• 创建背景和角色

先来创建舞台。单击“上传背景”，从本地文件夹中导入图片“糖果草原.jpg”作为背景，并调整到合适大小。背景如下图所示：

接着来创建角色。单击“上传角色”，从本地文件夹中导入“角马”角色并调整至适宜大小，建议为58×48（像素×像素）左右，如下图所示：

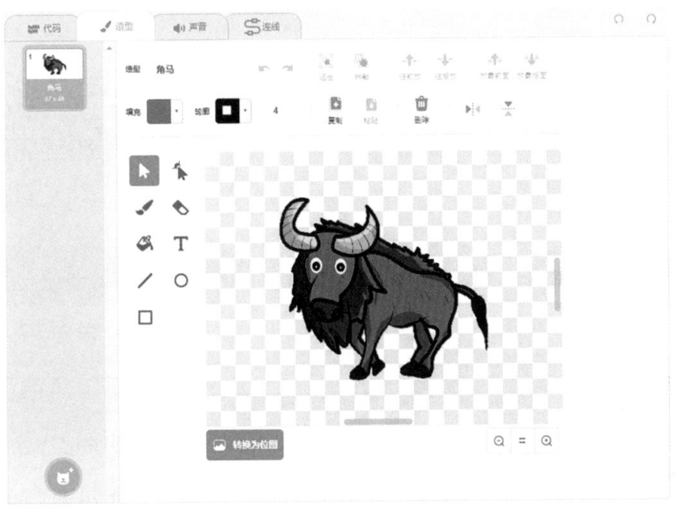

最后来创建声音。选择“角马”角色，单击“声音”，从“选择一个声音”中导入“Boing”和“Plunge”两段声音。

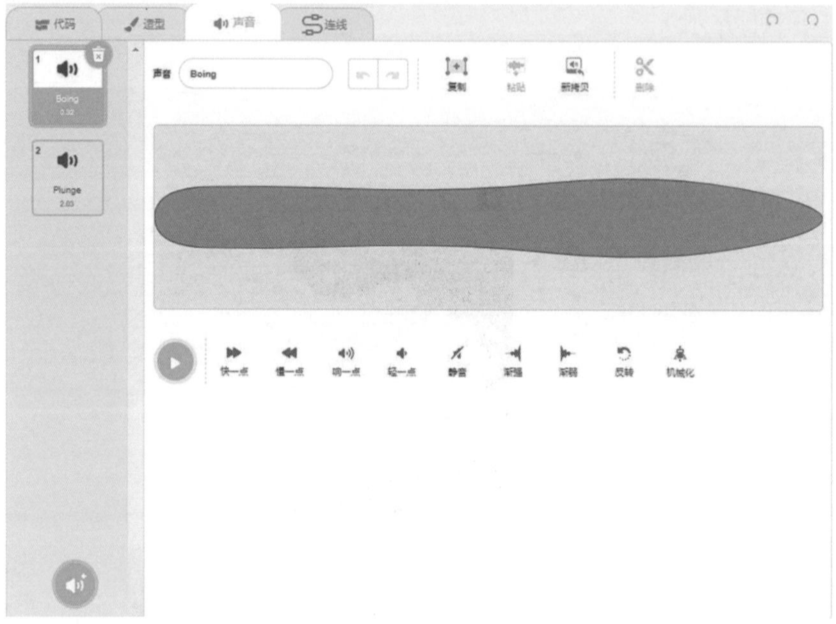

- **搭建脚本**

（1）搭建“角马”角色脚本

角马是从舞台的顶部开始往下掉落，救起角马要使其脱离河面，回到舞台的顶部。

提醒一下，回到顶部这块积木是需要经常用到的，那么我们可以使用“自制积木”自己定义一块“go to the top”积木，使角马移动到舞台顶部。

角色	脚本	预期效果
	定义 go to the top 移到 x: 在 -250 和 250 之间取随机数 y: 250	自制积木，使“角马”角色移动到舞台顶部。y坐标为250，就是舞台的最上部，x坐标是−250～250之间的随机数

（2）开启摄像头，设置透明度

通过定义回到顶部的积木，角马每次被救起后都会回到舞台的顶部。

是的，下一步我们开启摄像头，设置透明度。

角色	脚本	预期效果
	当 🏴 被点击 将 拯救个数 ▾ 设为 0 将 掉落个数 ▾ 设为 0 将视频 开启 ▾ 设置视频透明度为 50	按下绿旗，将拯救个数设置为0，掉落个数设置为0。将摄像头开启并设置视频透明度为50

（3）角马回舞台顶部

拯救的个数和掉落的个数现在可以清晰地展现在舞台上了。

调用自制的回到舞台顶部积木，才能真正让角马回顶部。

角色	脚本	预期效果
	go to the top	调用自制的“go to the top”积木，将角马的位置设置在舞台的顶部

我们已经确定了角马的位置。不好！角马正在向河里掉落，该怎么办呢？

快使用“视频侦测”积木，只要“碰到”角马，就能将它们救起，记得播放声音提示救助成功。

角色	脚本	预期效果
		y坐标增加-5，角马会一直向下掉落，当视频侦测到的画面与“角马”角色重叠大于20时，则播放声音“Boing”。重复执行直到y坐标大于180（y坐标一直增加15，救助成功的角马会一直在舞台上向上移动），接着将拯救个数增加1，让角马回到舞台顶部

我们忙着救正在掉落的角马，数量有些多，救助不过来，有的角马会掉到河里怎么办?

你们继续救助其他角马，掉到河里的角马可以使用“自制积木”让它们回到舞台顶部。

角色	脚本	预期效果
	如果 y坐标 < -150 那么 播放声音 Plunge 将 掉落个数 增加 1 go to the top	如果y坐标小于-150，也就是角马下落到舞台的下部，播放声音“Plunge”，接着将掉落个数增加1，并让角马回到舞台顶部

将脚本连接，完整的脚本如下所示：

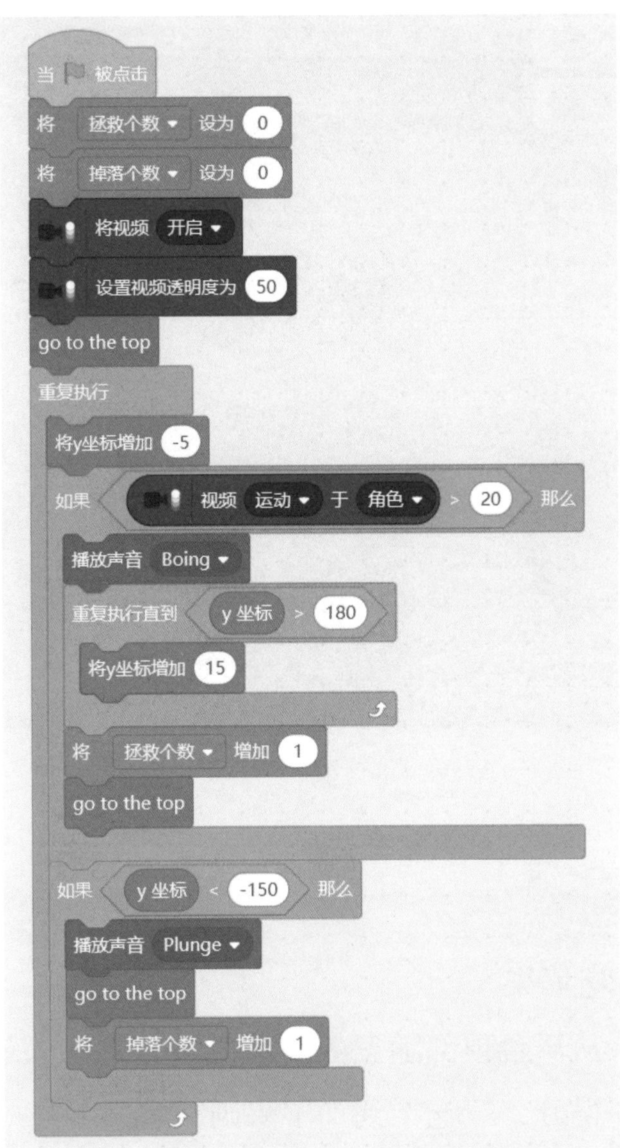

通过以上步骤，拯救角马的小游戏编写完成了。点击绿旗，运行脚本，试一试在一定的时间内能拯救多少只角马。效果如下图所示：

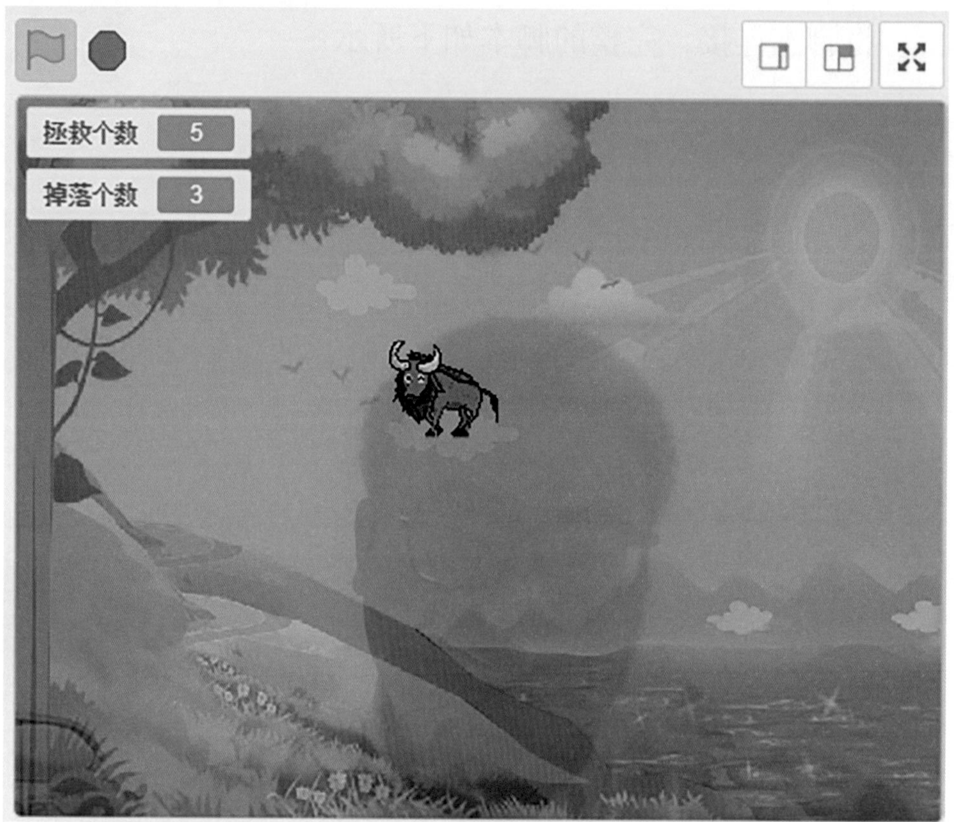

拓展练习

（1）吃苹果

让苹果从舞台顶部随意向下落，当“吃到”苹果，苹果缩小消失并得分，“吃不到”苹果则减分。

（2）猫抓老鼠

左右摇晃身体，控制小猫移动，抓住老鼠加1分，抓不到减1分。超过5分，则变换背景增加难度，有随机小狗出现，碰到小狗则扣2分。

糖果能量站

视频监控从诞生之日起，在安全防范领域就发挥着重要的作用，保护着人们的生命财产安全。但是，查看监控却是一项工作量巨大的工作。人工智能和监控的结合给解决这一问题指出了方向。人工智能视频监控通过机器视觉（摄像头等）观察图像是否与参考图像一样运动，结合各种问题的综合数据输出结果，如果该结果超过预设的阈值则报警。它的另一个特点是不断地通过自我学习，逐步设置规则。人工智能时代的视频监控可以区分人体、车辆、船只、动植物，如果捕捉的对象越过了预设的规则，会录制视频作为样本保留，并及时报警。

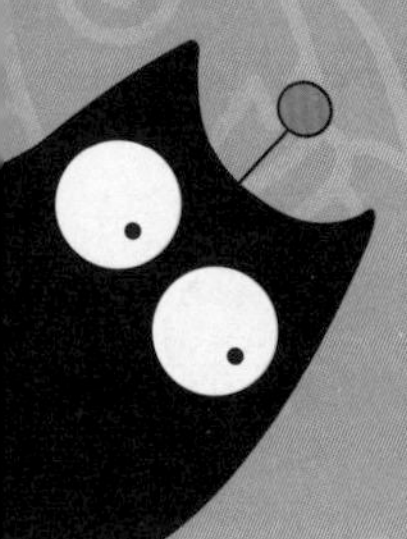

9 车牌识别速入场

经历了糖果草原的惊险，果果、可可的第二站是音符山谷的舞会现场。舞会现场大门入口处有一个车辆识别系统，如果是被邀请的车来了，栏杆会抬起来，车辆便能快速驶入；没被邀请的车来了，栏杆不会抬起来，车辆便不能进入。果果、可可感到十分惊奇："这是怎么做到的？"糖果老人说："既然你们这么好奇，我们就一起来学习车牌识别系统的制作方法吧。"

小喵科技站

在小喵科技站里，添加"百度大脑"和"视频侦测"插件，重点来了解“百度大脑”插件中车牌识别积木的功能。

首先来添加扩展。单击Kittenblock项目编辑器左下角的“添加扩展”按钮，会弹出“选择一个扩展”窗口，加载“百度大脑”“视频侦测”插件与前文操作相同，此处不再赘述。

加载成功后，单击“百度大脑”模块，出现百度大脑的所有积木。如右图所示：

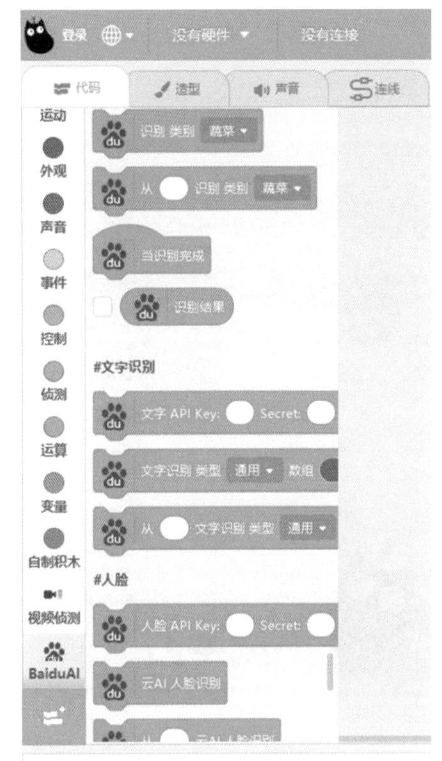

小知识

Kittenblock中的“百度大脑”插件包含人脸追踪、人脸检测、人脸辨认、文字识别、印刷体识别等功能。使用不同的积木就能完成相应的功能。在人工智能技术中，视觉模式识别是重要的一个分支。本章只用到了百度大脑积木模块中的文字识别积木。这里的文字识别技术和停车场真正的车牌识别技术是一样的，都是利用了云端人工智能服务器进行运算。当插件成功加载后，舞台背景即成为摄像头的取景框（与实际镜像），所以在打开Kittenblock前应插上USB摄像头，并且安装好驱动以保证摄像头是可用的。如果舞台没有变化，说明摄像头没有成功安装驱动或者被其他软件占用。

积木具体描述如下表所示：

文字识别积木表

积木	积木描述
文字识别 类型 车牌 数组（下拉选项：通用、✓车牌、手写）	文字识别积木，在进行车牌识别的时候，要选择第二个选项——车牌。此积木将识别出的车牌号保存在列表中

小试牛刀

• 识别车牌

车牌包含了中文、英文、数字三种不同的符号，在舞台上的位置也不固定，这些不确定的因素对车牌识别是很大的干扰，因此车牌识别中使用了很多图形处理技术。我们一起来设计一个识别车牌的项目，将读取到的车牌保存到列表中。将摄像头开启后，舞台背景即成为摄像头的取景框，无需添加任何背景。使用默认的“小猫”角色，并将角色名称修改为“小喵”。然后建立一个列表（不是变量），并修改名称为“车牌号”，将此列表设置为“适用于所有角色”。如下图所示：

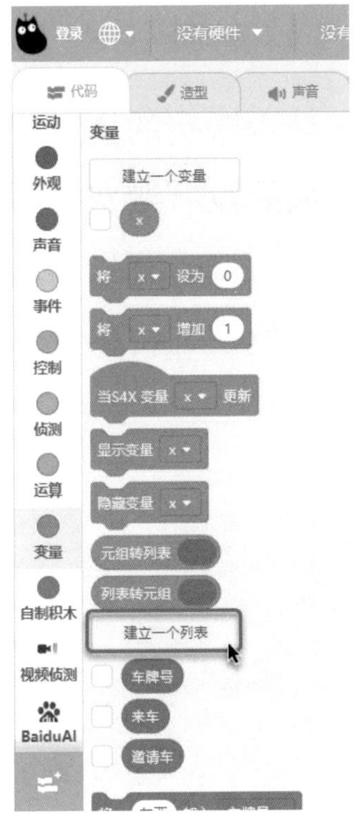

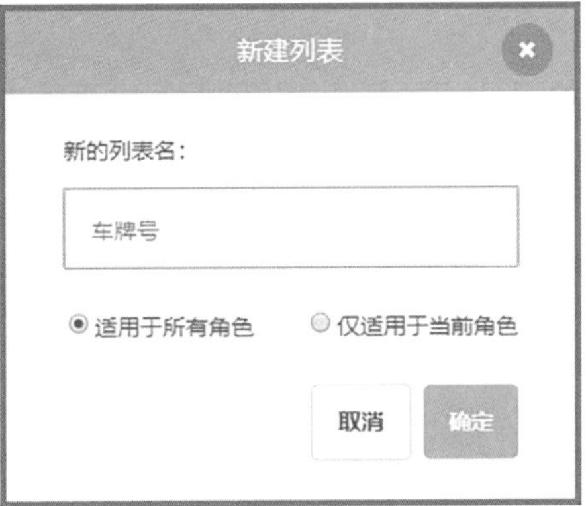

接着选中“小喵”角色，开始编写脚本。开启摄像头并设置透明度为30，将视频镜像开启，否则车牌在舞台上的显示是左右相反的。脚本如右图所示：

把车牌号用手机拍下来，试一试编写的脚本能不能识别出来。脚本效果如右图所示：

- **车牌识别缴费系统**

制作一个简单的用车牌判断车辆是否缴费的项目。如果已经缴费，语音朗读“已经缴费”，如果没有缴费，语音朗读“请缴纳停车费”。先将摄像头开启，舞台背景即成为摄像头的取景框。使用默认的“小猫”角色，并将角色名称修改为“小喵”。然后选中“小喵”角色，开始编写脚本。开启视频镜像，将视频透明度设置为50，重复执行删除车牌号的全部项目，识别车牌号至列表中。如果识别出的车牌号为京A00000，舞台上显示并朗读“已经缴费”，否则舞台上显示并朗读“请缴纳停车费”。脚本如右图所示：

我们设计的车牌识别缴费系统和生活中的停车场车牌识别缴费系统的工作原理一致，只是我们没有扫码付费。效果如下图所示：

挑战自我

• 思维向导

我们一起编写一个识别车牌后车辆快速进入会场的脚本。加载视频侦测、百度大脑插件。当绿旗被点击，识别车牌并朗读车牌，同时存入系统列表，然后汽车向前运动到栏杆处。当识别的车牌与预录入的车牌一致，栏杆抬起，汽车继续前进，舞台显示并朗读“被邀请，欢迎”；否则，汽车停下，舞台显示并朗读“没有被邀请，请返回”。

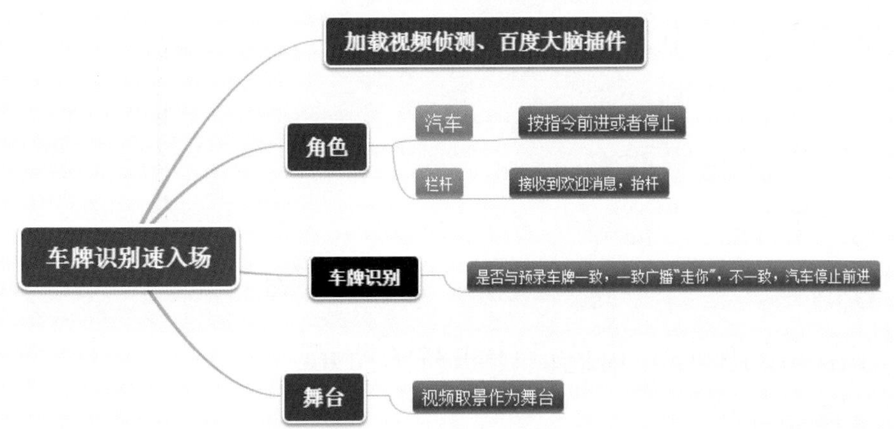

• 创建背景和角色

先来创建舞台。摄像头开启后，舞台背景即成为摄像头的取景框。然后创建角色。单击“选择一个角色”，从系统角色库中选择“convertible”角色，修改名字为“汽车”并调整至适宜大小。如下页图所示：

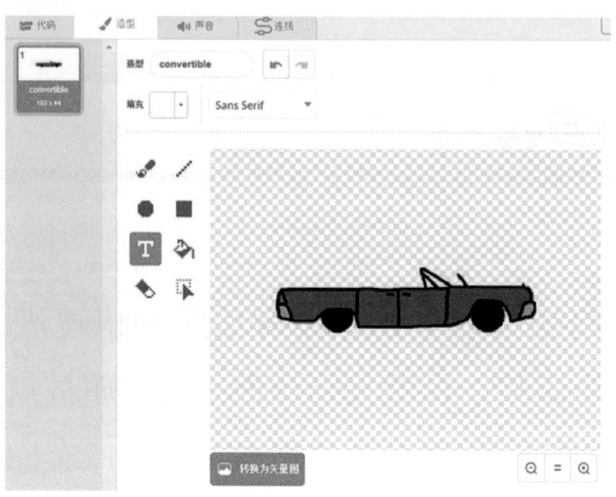

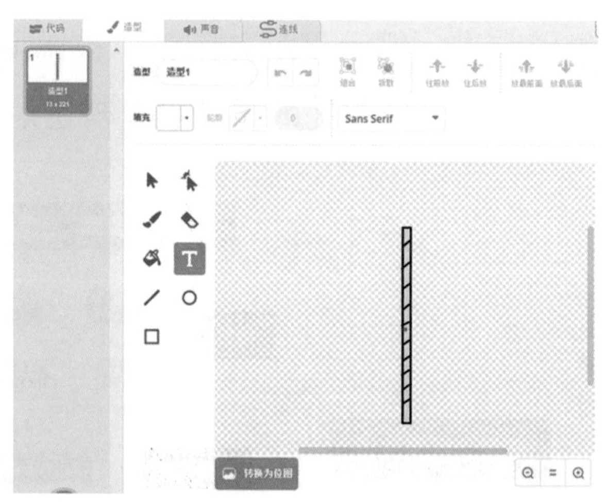

继续点击角色列表右下角的“选择一个角色”按钮，在弹出的列表中单击“绘制”按钮，绘制“造型1”角色并修改名称为“栏杆”。需要注意的是，栏杆一定要在画布的中心。角色设计如右图所示：

- **搭建脚本**

（1）搭建“汽车”角色脚本

一切准备就绪，第一步我们要让汽车动起来，沿着舞台的底部一直向前。

千万不要“闯杆”，让汽车到达栏杆处就停下来。

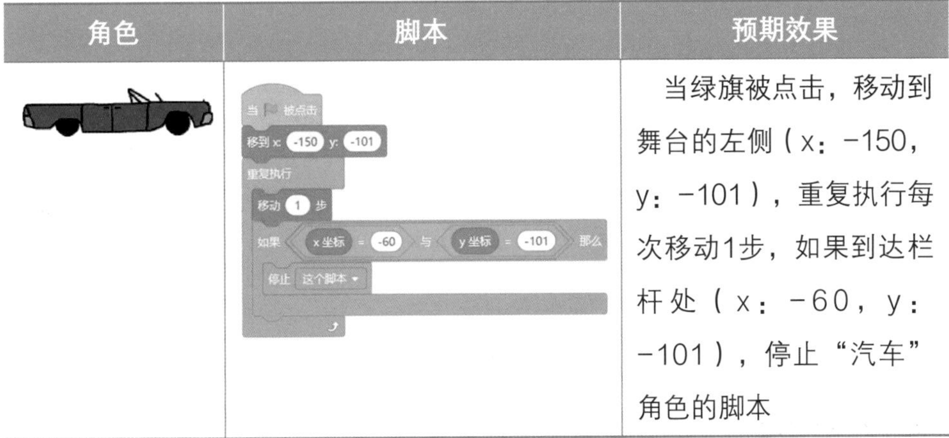

角色	脚本	预期效果
		当绿旗被点击，移动到舞台的左侧（x：−150，y：−101），重复执行每次移动1步，如果到达栏杆处（x：−60，y：−101），停止“汽车”角色的脚本

糖果小镇的所有设备都是智能化的，果果、可可想知道他们的汽车号码牌是不是被预先录入车牌识别系统了。

这和我们生活中的车牌识别系统是一样的，到达栏杆处，系统就会自动识别。

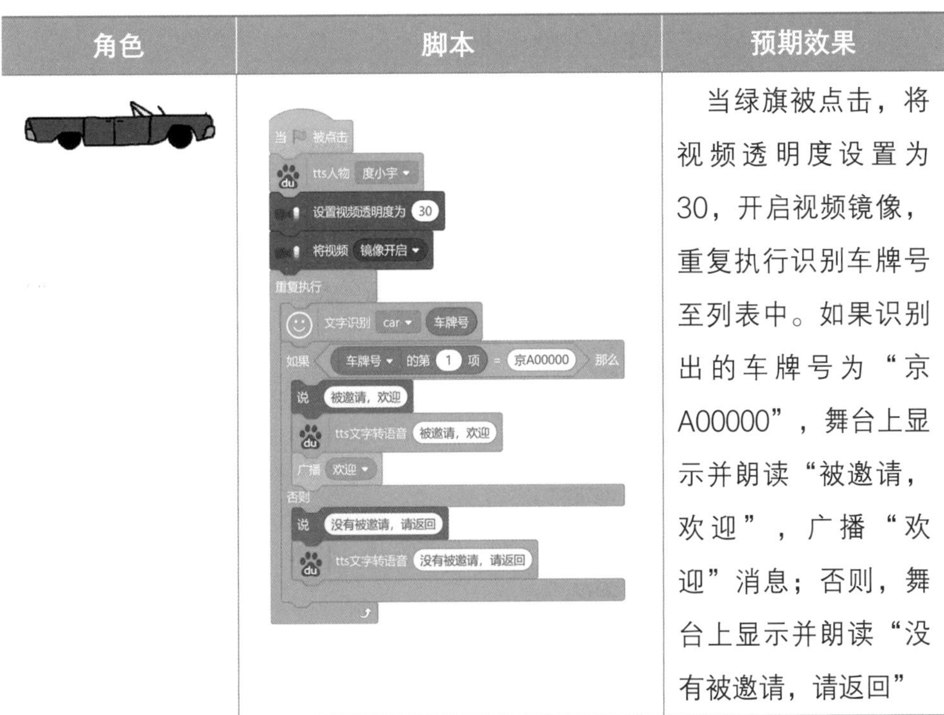

角色	脚本	预期效果
		当绿旗被点击，将视频透明度设置为30，开启视频镜像，重复执行识别车牌号至列表中。如果识别出的车牌号为“京A00000”，舞台上显示并朗读“被邀请，欢迎”，广播“欢迎”消息；否则，舞台上显示并朗读“没有被邀请，请返回”

果果、可可的汽车号码牌已经录入系统并自动识别出来了，真是让人高兴啊。

栏杆已经抬起，那就让汽车继续前行吧，但是不能让汽车撞到舞台边缘。

角色	脚本	预期效果
	当接收到 走你 重复执行 移动 10 步 如果 x坐标 = 200 与 y坐标 = -101 那么 停止 这个脚本	当接收到“走你”消息，重复执行移动10步，如果到达舞台的右侧（x：200，y：−101），停止“汽车”角色的脚本

（2）搭建“栏杆”角色脚本

已经知道需要被邀请才能进入了，那什么时候栏杆能抬起来呢？

当接收到“欢迎”消息的时候，栏杆就从竖直方向变为水平方向，代表汽车可以通过了。还需要提醒的是，汽车通过后别忘了让栏杆再回到初始状态。

角色	脚本	预期效果
	当接收到 欢迎 面向 90 方向 移到 x: 32 y: 17 等待 1 秒 重复执行 90 次 左转 1 度 广播 走你 等待 3 秒 重复执行 90 次 右转 1 度	当接收到“欢迎”消息，面向90度方向，移动到x：32、y：17位置，等待1秒，重复执行90次向左旋转1度，将栏杆由竖直方向变为水平方向。广播“走你”消息，等待3秒，让汽车移动到指定位置，重复执行90次向右旋转1度

搭建好了汽车和栏杆的脚本，一个模拟的车牌识别入场的脚本就完成了。我们可以将邀请的车牌换成手机照片中的汽车号码，这样玩起来会更有趣。点击绿旗，运行脚本，快让邀请的汽车通过吧。效果如下图所示：

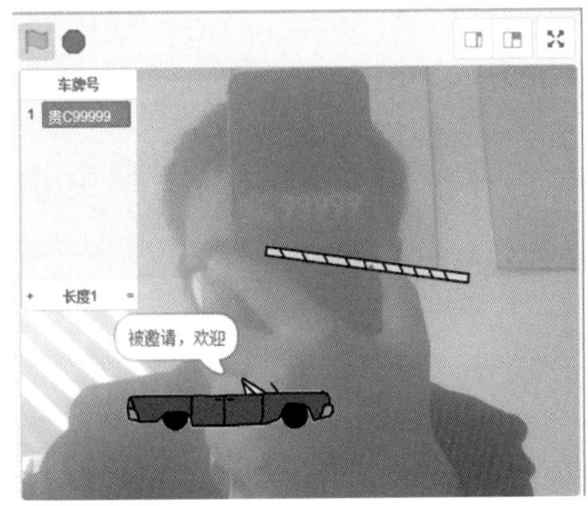

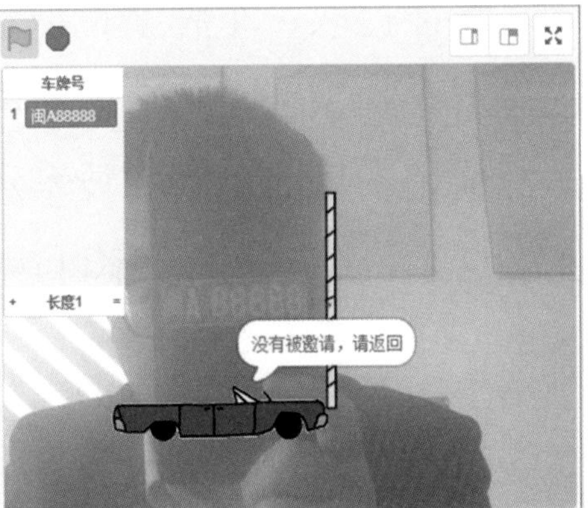

拓展练习

（1）识别两个车牌

利用“车牌号”列表中的其他积木块，将多个车牌输入列表，由系统查找车牌，识别车牌，朗读识别的车牌。

（2）制作自动识别入库系统

制作一个自动泊车系统，可以自动识别车牌，自动引导入库。添加列表用于存储车牌，对车辆进行是否为指定车牌的判断，识别车牌后汽车自动入库。

糖果能量站

车牌识别系统是计算机视频图像识别技术在车辆牌照识别中的一种应用。车牌识别技术要求能够将运动中的汽车牌照从复杂背景中提取并识别出来，通过车牌提取、图像预处理、特征提取、车牌字符识别等技术，识别车牌号、颜色等信息。车牌识别在高速公路电子收费、社区车辆管理中得到广泛应用。目前最新的技术水平为字母和数字的识别率可达到99.7%，汉字的识别率可达到99%。

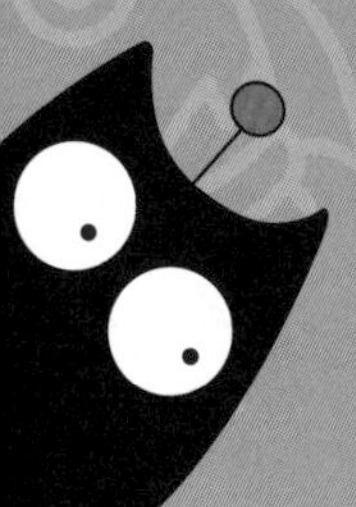

10 刷脸门禁强安全

果果和可可顺利进入了舞会现场的大门，停好了车。之后，他们两个被告知：为了舞会主会场的安全，需要身份验证方可入内，而且必须是人脸识别。好奇的可可赶忙问道："好神奇啊，人脸识别是怎么实现的呢？""别着急，听我慢慢给你讲来。"糖果老人说，"首先输入人脸和姓名，创建组，然后进行识别，如果正确，说'欢迎光临'，切换开门；如果不正确，说'对不起'。"

小喵科技站

添加“百度大脑”“视频侦测”和“FaceAI”插件，与前文的操作相同，此处不再赘述。在小喵科技站里主要了解“FaceAI”插件中关于人脸辨认、人脸检测积木的相关功能。

小知识 ▼

Kittenblock的“FaceAI”插件中，关于人脸的积木主要包含人脸检测、人脸辨认两大类。对于人类来说，辨认一张人脸是非常简单的，首先我们要记住这张脸，然后在大脑中将这张脸的外形和人名一一对应，以后再看到这张脸，就知道是谁了。机器识别人脸和此过程相差不多。通过人脸检测将人脸加入到识别库的一个组中，搜索识别库的组别就可以知道这张脸的名字了。

积木具体描述如下表所示：

FaceAI积木表

积木	积木描述
人脸检测	人脸检测

续表

积木	积木描述
当检测到人脸	当检测到人脸时等待数据的返回
添加人脸 Tom 组 ClassA	加一个带名字的人脸到识别库的一个组，可以为ClassA，也可以为ClassB
创建人脸 组 ClassA	创建一个人脸到识别库的一个组中，方便提取数据
搜索人脸 组 ClassA	搜索人脸组内的数据
搜索结果名字	搜索人脸组内的名字
当搜索完成	当搜索完成以后等待数据的返回

- **添加需要辨认的人脸**

机器辨认人脸的过程和普通人类辨认人脸的过程相似。让机器辨认出不同的人脸，首先要做的就是添加需要辨认的人脸，并将名字输入至识别库的一个组中。将摄像头开启，使用默认的小猫角色，并将角色名称修改为“小喵”。然后选中“小喵”角色，开始编写脚本，此脚本有两段。

第一段脚本：当脚本开始运行的时候，开启视频，将视频透明度设置为20，创建人脸到识别库中的ClassB组进行人脸检测。脚本如下图所示：

第二段脚本：当检测到人脸，将人脸teacher添加到识别库的ClassB组。脚本如右图所示：

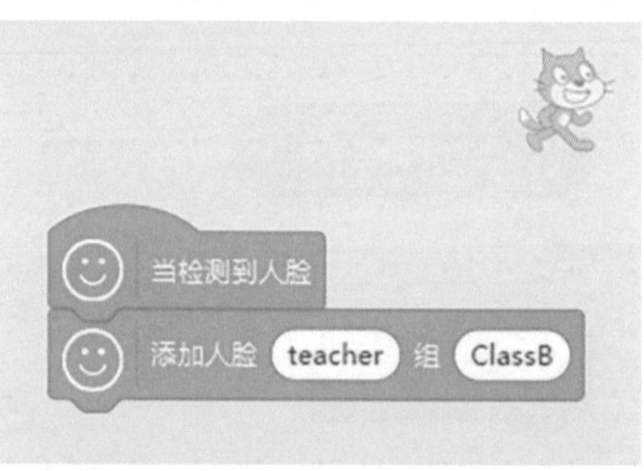

人脸组只需要创建一次，以后不用再创建。ClassB是我们随意起的组名称。人脸将在服务器保存大概三天，三天后会自动清除，所以我们在测试的当天无须重复添加teacher，在下一个项目“辨识人脸”中，云端服务器会自动认出这张脸。试一试把你的脸添加到云端服务器吧。效果如右图所示：

- **辨识人脸**

在上一个项目中，我们已经将“teacher”这张人脸添加到识别库的ClassB组中。下面我们重新创建一个新的检测脚本，对这张人脸进行辨认，并把这个人的名字说出来。先将摄像头开启，使用默认的小猫角色，并将角色名称修改为“小喵”。然后选中“小喵”角色，开始编写脚本，此脚本有三段。

第一段脚本：当脚本开始运行的时候，开启视频，将视频透明度设置为50，计时器归零。重复执行倒计时3秒，进行人脸检测，计时器再次归零。创建人脸到识别库中的ClassB组，进行人脸检测。

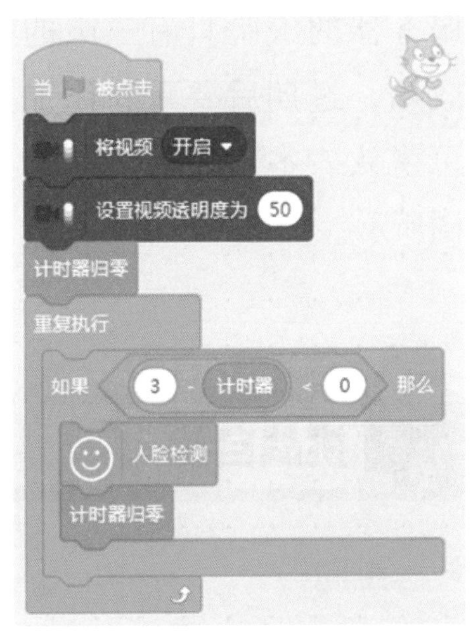

FaceAI是国内旷视科技提供的人工智能服务，它是免费的，但是调用有时间的限制（每3秒返回一次检测的结果），所以这里做了一个3秒的时间判断脚本，每3秒自动检测一次，这样就可以保证检测刷新是真实的。脚本如右图所示：

第二段脚本：当检测到人脸，在识别库ClassB组中搜索人脸。脚本如右图所示：

第三段脚本：人脸在识别库ClassB组中搜索完成后，在舞台上让小喵显示并朗读搜索结果的名字。脚本如右图所示：

前一个项目是添加需要辨认的人脸，本项目中的脚本可以辨识出添加的人脸。但是需要注意，添加到云端服务器的人脸只有三天的有效期，过期后要重新添加方可辨认。本项目的效果如右图所示：

挑战自我

- **思维向导**

我们一起编写一个刷脸识别进入舞会现场的脚本。加载视频侦测、百度大脑和FaceAI插件。通过人脸识别功能识别录入的人脸，当识别的人脸与之前录入的人脸一致时，允许通过；当识别的人脸不一致时，提示“对不起，不能进入”。

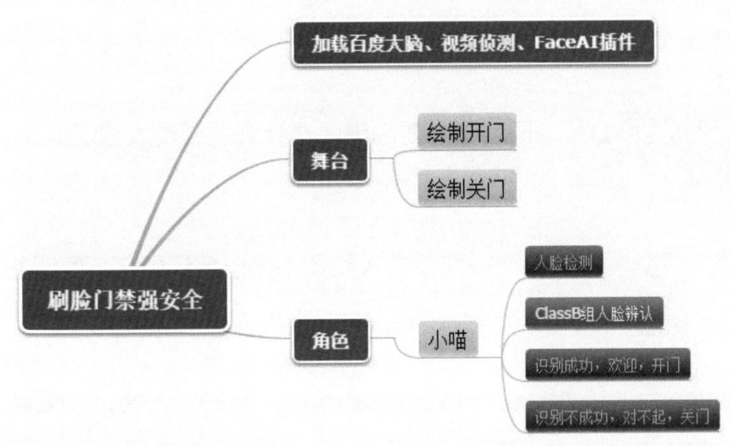

- **创建背景和角色**

先来创建舞台。单击“选择一个背景”，选择上传背景，选择关门、开门。摄像头开启后，摄像头的取景和上传的舞台背景将重合。如下图所示：

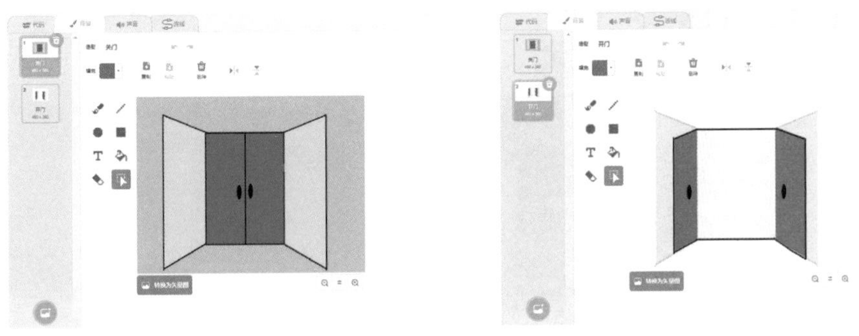

接着来创建角色。使用默认的“小猫”角色，并将角色名称修改为“小喵”。

• 搭建“小喵”脚本

（1）每3秒自动检测一次人脸

已经到达舞会场地门口了，要想进入舞会必须通过人脸识别系统。

每3秒自动检测一次，看人脸是不是已经记录在被邀请的识别组中。

角色	脚本	预期效果
	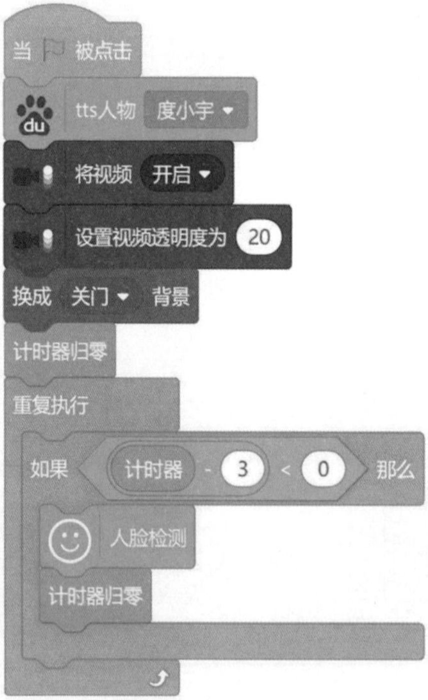 当 被点击 tts人物 度小宇 将视频 开启 设置视频透明度为 20 换成 关门 背景 计时器归零 重复执行 如果 计时器 - 3 < 0 那么 人脸检测 计时器归零	当绿旗被点击的时候，开启视频，将视频透明度设置为20，换成关门背景，计时器归零。重复执行倒计时3秒，进行人脸检测，计时器再次归零

（2）搜索人脸组

好期待进行人脸识别啊！

只要在联网的情况下搜索人脸识别库的组就可以进行识别了。

角色	脚本	预期效果
	当检测到人脸 搜索人脸 组 ClassB	当检测到人脸，在识别库ClassB组中搜索人脸，判断摄像头检测到的人脸是不是在识别库的ClassB组中

（3）辨认人脸做判断

要将已经存入云端服务器的人脸搜索出来进行对比，才能知道是不是被邀请。

你真棒！如果一致的话就可以开门了，不一致则只能关着门不能进入。

角色	
脚本	
预期效果	当搜索完成，朗读“人脸识别后才能进入舞会”，舞台上显示搜到的人脸的名字。如果搜索到的人脸名字为“teacher”，那么朗读“teacher欢迎光临”，换成开门的背景，播放“喵”等待完毕；否则，朗读“对不起，不能进入”，换成关门背景。

通过这几个步骤，刷脸门禁的脚本就编写完成了。点击绿旗，运行脚本，换成自己的脸，试一试能不能打开大门。以“teacher”的人脸进行识别，效果如下图所示：

拓展练习

（1）多张人脸辨认

增加一张人脸，利用人脸识别技术检测两张人脸，使其一起进入舞会现场。

（2）增加多个角色

增加多个角色，让角色之间增加故事情节，让刷脸门禁更有趣、更好玩。

糖果能量站

人脸识别是一种利用脸部特征信息进行身份识别的生物识别技术。它主要通过摄像头或者摄像机对人脸的图像或者视频流进行自动检测和跟踪。其主要应用在以下领域：在金融方面，活体识别、银行卡OCR识别、身份证OCR识别、人证对比、手机银行、金融App、保险App等都应用到了人脸识别技术；在安保方面，大量的企业、住宅、社区、学校等的安全管理越来越普及，人脸门禁系统已经普遍应用；火车、民航已经安装了人脸识别通行设备，进行人证对比过检；公安系统在追捕逃犯时也会利用人脸识别系统对逃犯进行定位。

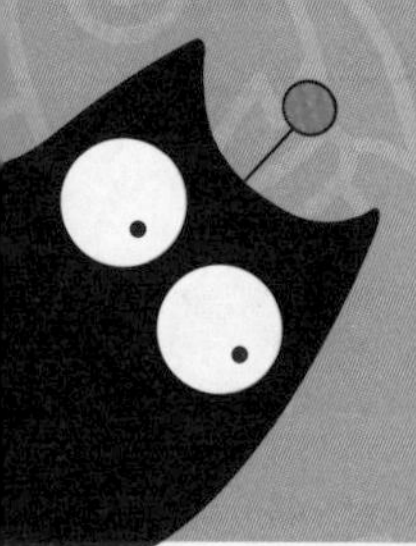

11 颜值多少机器断

舞会开始之前要举行一次“最美镇民”的评选活动，以评选出年轻漂亮、微笑和善的健康镇民。这可愁坏了果果和可可，他们想：大家审美标准各不相同，怎样才能摒弃主观喜好，用统一标准进行评选呢？聪明的小喵思考了好久说：“这也不难，我们可以用之前学过的视频侦测技术结合Face-AI技术，用机器进行评选，这样既简单又快捷，最关键的是不受主观好恶的影响，能做到公平、公正！”“太好了！”大家一起欢呼起来。

小喵科技站

添加“百度大脑”“视频侦测”和“FaceAI”插件，与前文的操作相同，此处不再赘述。在小喵科技站里主要了解“FaceAI”插件中关于人脸表情、年龄、皮肤状态、微笑率和颜值的检测的积木功能。

小知识

FaceAI的人脸检测积木中，本章所使用的是关于年龄、微笑率、颜值等的云端服务器返回值。当然也可以根据服务器返回的数值进行相关的判断，如人种和性别的判断。根据这些积木块，可以做出好玩有趣的人脸识别项目。

积木具体描述如下表所示：

FaceAI积木表

积木	积木描述
年龄　表情 平静▼　微笑率　皮肤状态 健康▼　颜值	检测人脸的年龄、表情、皮肤状态、微笑率和颜值的数据情况，勾选后其返回值会在舞台上显示。一般都将这些积木块勾选
人种 亚洲人▼	对人脸检测返回的人种的数据进行侦测，从而给出进一步的事件判断

续表

积木	积木描述
性别 男性 ▾	对人脸检测返回的性别的数据进行侦测，从而给出进一步的事件判断

- **年龄、微笑率和颜值检测**

我们在生活中经常根据人脸的皮肤状态、光滑程度等来判断人的年龄。实际上这只是经验判断，和真实的年龄还是存在一定差距的，机器判断当然也不例外。我们一起来设计一个项目，让机器通过一张脸来检测年龄、微笑率和颜值。先将摄像头开启，使用默认的“小猫”角色，删除小猫角色的下半身，只保留“猫头”，并将角色名称修改为“猫头”。然后选中“猫头”角色，开始编写脚本，勾选FaceAI模块中的年龄、微笑率和颜值三个返回值选项。当脚本开始运行的时候，访问开启摄像头并设置透明度为50，进行人脸检测，云端服务器返回年龄、微笑率和颜值的检测数值。脚本如下图所示：

让机器来测一测你的年龄、微笑率和颜值，比一比机器检测出的结果和实际的差别。效果如右图所示：

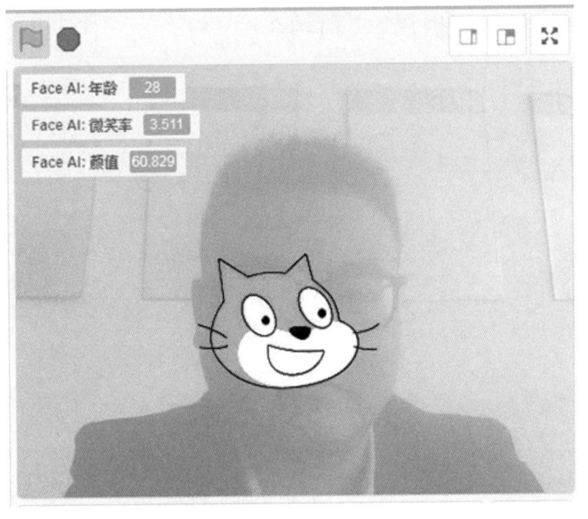

- **年龄判断**

利用人脸检测到的年龄返回值做一个关于年龄的判断。以30为判断条件，如果大于等于30，就说“经验老道”；如果年龄小于30，就说“年轻有为”。先将摄像头开启，使用默认的“小猫”角色，并将角色名称修改为“小喵”。然后选中“小喵”角色，开始编写脚本。当脚本开始运行的时候，开启视频摄像头并将视频透明度设置为20，计时器归零；重复执行倒计时3秒，人脸检测，计时器再次归零。此段脚本用来保证检测刷新是真实的。脚本如右图所示：

接着编写第二段脚本。当检测到人脸，朗读检测到的年龄返回值。将年龄返回值赋值给变量“年龄”，如果年龄小于30，朗读“年轻有为”，否则朗读“经验老道”。脚本如下图所示：

在人脸检测的时候，我们习惯将这些返回值的选项都勾选，但是可能只使用其中的一个或者两个。根据年龄的判断，看一看你是“年轻有为”还是“经验老道”。效果如右图所示：

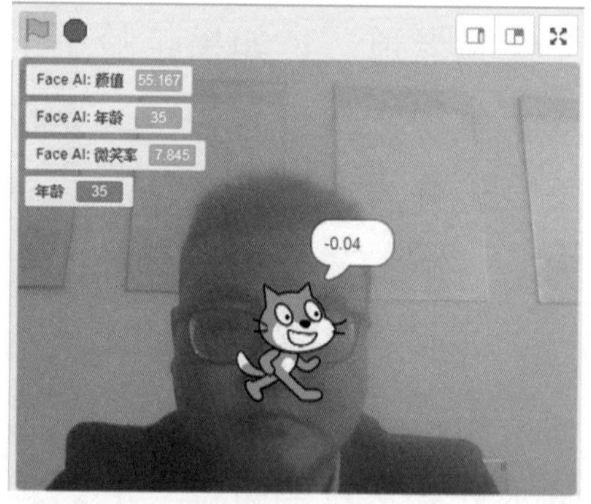

挑战自我

• 思维向导

我们一起来编写一个根据颜值多少评选最美镇民的脚

本。加载百度大脑、视频侦测、FaceAI插件。按下空格，朗读提示，开始进行人脸检测，等待返回值。当检测到人脸，如果人脸检测返回数据为男性，年龄小于40且颜值大于80，舞台显示并朗读“年轻英俊的先生你好，恭喜你入围‘最美镇民’评选”，否则舞台显示并朗读“很遗憾，请下次再来”；如果人脸检测返回数据为女性，年龄小于40且颜值大于80，舞台显示并朗读“年轻美丽的女士你好，恭喜你入围‘最美镇民’评选”，否则舞台显示并朗读“很遗憾，请下次再来”。

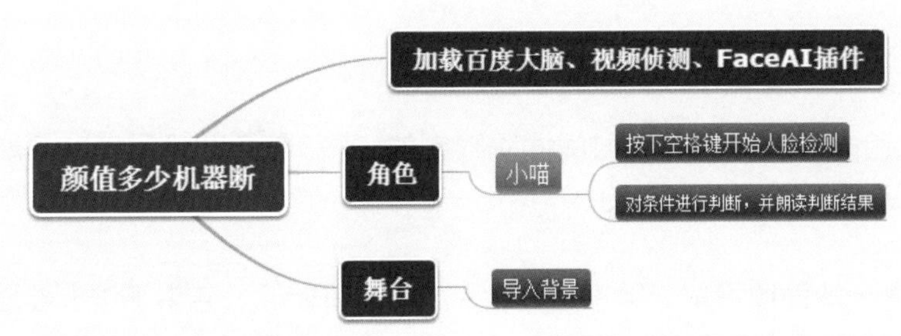

• 创建背景和角色

先来创建舞台。单击“上传背景”，从本地文件夹中导入图片“背景图.jpg”作为背景，并调整到合适大小。背景如右图所示：

接着来创建角色。使用默认的“小猫”角色，并将角色名称修改为“小喵”。点击角色列表右下角的“选择一个角色”按钮，在弹出的列表中选择“heart candy”角色。

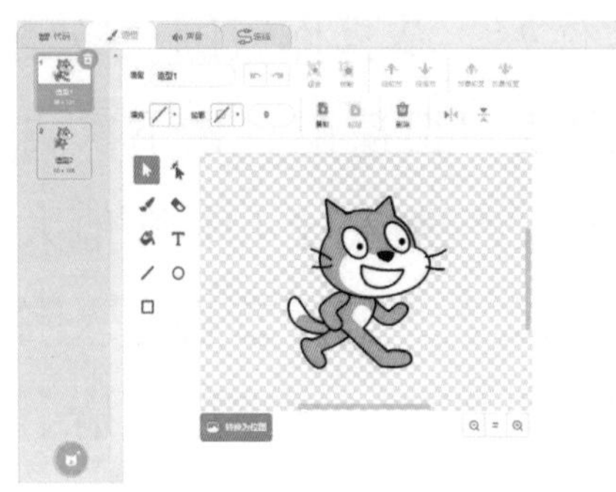
小喵

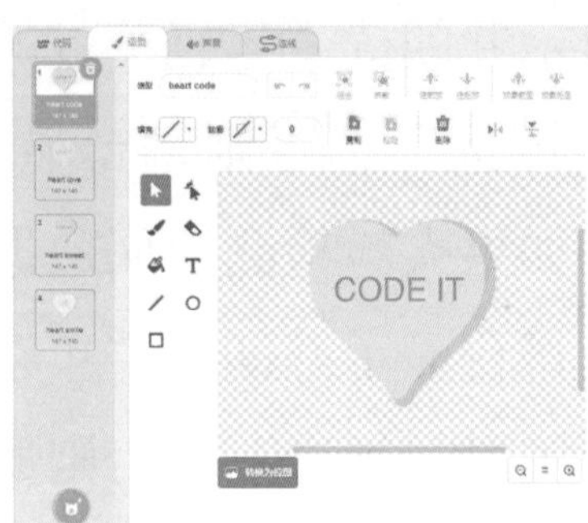

heart candy

• 搭建脚本

（1）搭建“小喵”角色脚本

人脸检测的调用是有时间间隔限制的，每3秒自动检测一次才能保证人脸检测是真实的。

这次我们加入一块朗读积木，用来提醒“人脸检测开始”，告诉测试者要准备好，好比我们拍照的时候喊“茄子”，这是一个准备刷新检测的信号。

角色	脚本	预期效果
	当按下 空格 键 将视频 开启 计时器归零 重复执行 说 3 - 计时器 如果 3 - 计时器 < 0 那么 tts文字转语音 人脸检测开始 人脸检测 计时器归零 停止 这个脚本	按下空格键，开启视频，计时器归零。重复执行在舞台上显示开始3秒倒计时，3秒过后语音播报“人脸检测开始”，开始进行人脸检测。本次检测结束后停止运行该检测脚本

小镇的“最美镇民”评选分为男性最美镇民和女性最美镇民，让机器自动判断男性和女性，并从年龄和颜值两个指标来作为评选标准。

你说得很对，如果机器判断出了最美镇民，我们在舞台上要有庆贺。

角色	脚本	预期效果
	当检测到人脸 如果 性别 男性 那么 如果 年龄 < 40 与 颜值 > 80 那么 说 年轻英俊的先生你好，恭喜你入围“最美镇民”评选 tts文字转语音 年轻英俊的先生你好，恭喜你入围“最美镇民”评选 广播 庆贺 否则 说 很遗憾，请下次再来 tts文字转语音 很遗憾，请下次再来	当检测到人脸，如果为男性，年龄小于40，颜值大于80，舞台上显示并朗读“年轻英俊的先生你好，恭喜你入围‘最美镇民’评选”，广播“庆贺”消息；否则，舞台上显示并朗读“很遗憾，请下次再来”

女性评断标准是不是和男性一样？

脚本的编写思路是一样的，在性别识别上改成“女性”就可以了。

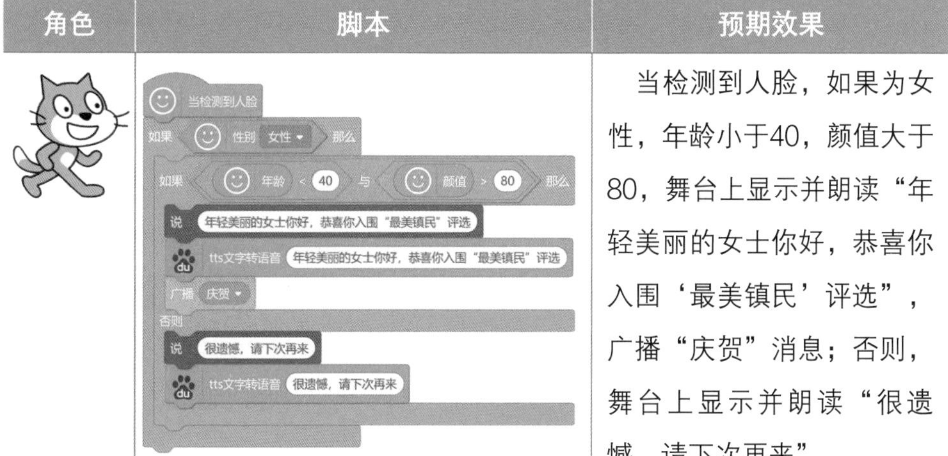

角色	脚本	预期效果
	当检测到人脸 如果 性别 女性 那么 如果 年龄 < 40 与 颜值 > 80 那么 说 年轻美丽的女士你好，恭喜你入围“最美镇民”评选 tts文字转语音 年轻美丽的女士你好，恭喜你入围“最美镇民”评选 广播 庆贺 否则 说 很遗憾，请下次再来 tts文字转语音 很遗憾，请下次再来	当检测到人脸，如果为女性，年龄小于40，颜值大于80，舞台上显示并朗读“年轻美丽的女士你好，恭喜你入围‘最美镇民’评选”，广播“庆贺”消息；否则，舞台上显示并朗读“很遗憾，请下次再来”

（2）搭建“heart candy”角色脚本

评选上最美镇民，当然要好好地庆贺，我想给最美镇民满屏的“爱心”。

这是必须的，脚本编写的时候我们可以使用“克隆自己”积木轻松实现满屏“爱心”。

角色	脚本	预期效果
 CODE IT	 当接收到 庆贺 显示 重复执行 10 次 克隆 自己 隐藏	当接收到“庆贺”消息，在舞台上显示“heart candy”角色，重复执行10次克隆自己，隐藏角色
	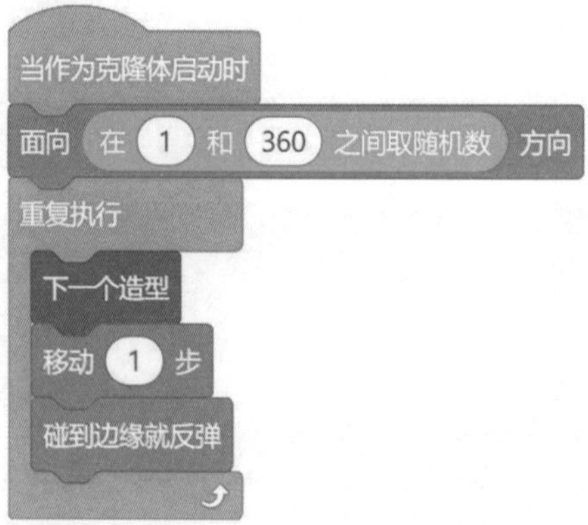 当作为克隆体启动时 面向 在 1 和 360 之间取随机数 方向 重复执行 下一个造型 移动 1 步 碰到边缘就反弹	当作为克隆体启动的时候，面向舞台上1到360之间的随意方向，重复执行下一个造型，移动一步，碰到舞台边缘就反弹

机器判断颜值、年龄有自己独特的评断标准，每次检测的结果可能都有变化。按下空格键，测一测自己能不能评选上“最美镇民”。效果下图所示：

颜值80有点高，稍稍修改一下，将评选标准中的颜值降低到60再来看一看效果。最终效果如下图所示：

拓展练习

（1）丰富评选条件

调用表情、皮肤状态、人种、微笑率等多种检测数据，丰富我们的评选条件，让“最美镇民”的评选更加完善。

（2）皮肤状态专家系统

使用“皮肤状态”积木，结合“青蛙专家识天气”的专家系统脚本，根据皮肤状态中的健康、色斑、青春痘、黑眼圈给出相应的医学专家指导。

糖果能量站

机器根据人脸的面部测试年龄和颜值并不是精准的。通过上述的项目测试，同一张脸跟实际年龄相比一会儿偏大，一会儿偏小，而且颜值也不是很准确。百度大脑也有一个人脸识别的小脚本，有时候上传一张男士的照片，它会显示是一位女性，所以AI审美能力还有待提高。

在现实生活中，人们对美和丑的评判没有一个绝对的标准，不同国家、不同地区的人对审美都有自己的偏好，所以AI审美只是机器根据人类预先设计的标准来做判断，它不像人类有血有肉，有着能思考的大脑，不能做到“萝卜青菜，各有所爱”。

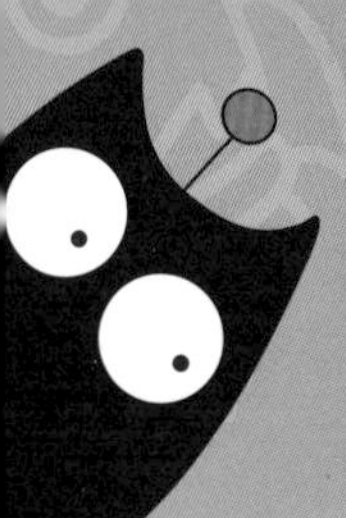

12 搞怪的化装舞会

舞会上的各种活动异彩纷呈，不过晚上的舞会要化装后才可以参加。果果和可可已经迫不及待了。可是，没有道具怎么办呢？“这还不简单吗？我们之前学过一个工具——视频侦测，我们可以使用它来给我们化装，想参加化装舞会，用它准没错！”小喵得意地说。“哇，太好了！”果果欢呼起来，“我要眼镜和胡子。”可可高兴地说：“我要面具和斗篷。”

小喵科技站

添加画笔、百度大脑和视频侦测插件的操作与前文相同，此处不再赘述。在小喵科技站里主要来了解“视频侦测”插件中人脸追踪积木的功能和使用方法。

小知识 ▾

Kittenblock中视频侦测插件的戴面具和人脸位置积木都是人脸追踪技术的应用。人脸追踪属于一种特性物体的识别，根据人脸的生物属性，将识别点进行标定，把对应位置反馈回来，依据这些识别点，计算机可以生成各种面具，也可以获取人脸各部位的坐标位置。积木描述如下表所示。

视频侦测积木表

积木	积木描述
人脸检测 017 ▾	打开或者关闭人脸检测
检测调试 off ▾	打开或者关闭检测调试
戴面具 ironman ▾	通过人脸关键点检测，确定人脸位置、大小、方向等，进而可以给检测到的人脸戴上面具

续表

积木	积木描述
	可以通过这块积木获取五官的坐标。具体分别为left、right、bottom、mouth、nose、left_eye、right_eye

小试牛刀

- **戴面具**

这么有趣、好玩的视频侦测积木，让我们一起用它来制作一个简单的戴面具项目。打开摄像头，设置好透明度，对角色视频侦测数值进行判断，就可以体验互动场景了。摄像头开启时舞台背景即成为摄像头的取景框。然后编写脚本，当绿旗被点击的时候，开启视频，设置摄像头透明度为30，将人脸检测设置为on（开启），摄像头获取人脸信息后通过复杂的计算获取人脸关键点，给人脸戴上ironman（钢铁侠）面具。脚本如右图所示：

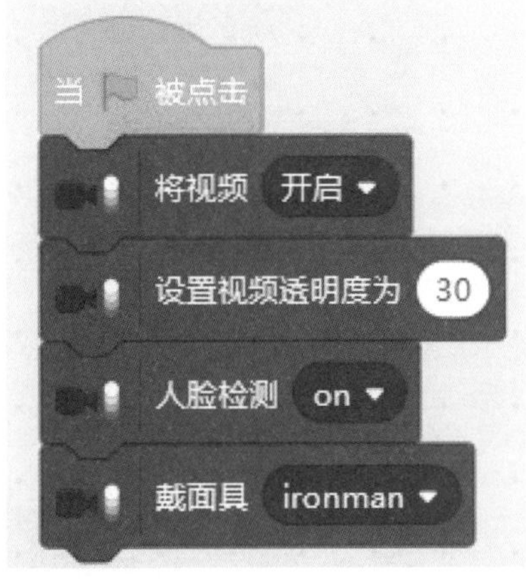

以此为基础，可以给人脸戴上各种面具。积木中提供了七种可以选择的面具。需要多次调试才能找到最佳的人脸与面具的拟合度，人脸距离摄像头越远，拟合度越好。效果如下页图所示：

- **鼻子画画**

```
当按下 空格 键
全部擦除
将笔的粗细设为 10
将视频 开启
设置视频透明度为 0
人脸检测 on
检测调试 on
将笔的颜色设为 ●
落笔
重复执行
    移到 x: 人脸位置 nose x  y: 人脸位置 nose y
    将笔的 颜色 增加 1
```

生活中有一些奇人，可以用树根、茶叶、手指等来作画。我们可以用鼻子来绘画，是不是更神奇？通过获取人脸位置这块积木可以获取鼻子的坐标，然后就可以画画了。先将摄像头开启，然后删除“小猫”角色，不使用任何角色。接着编写脚本，按下空格键，清除舞台上的画笔痕迹，将画笔的粗细设置为10，开启视频，设置摄像头透明度为0，将人脸检测和检测调试设置为on（开启），接着将画笔的颜色设置为红色，落笔开始绘画。重复执行将画笔移动到人脸鼻子处，画笔颜色增加1。脚本如上页图所示：

这个脚本非常神奇，变化人脸的位置，鼻子的位置也随之发生改变，鼻子在舞台划过的地方会留下不同颜色的痕迹。快用鼻子作画吧。效果如右图所示：

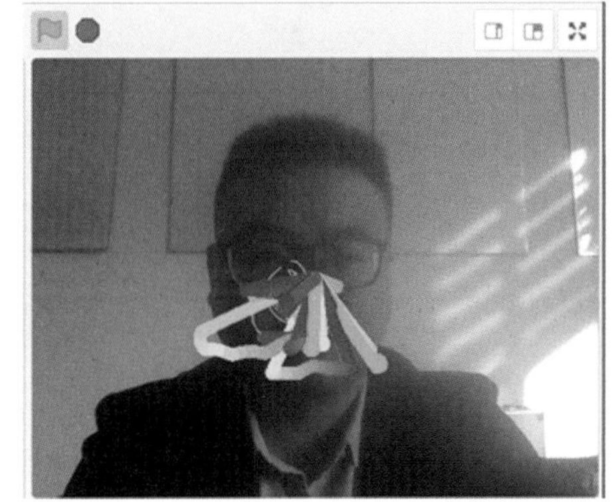

挑战自我

- 思维向导

我们一起编写一个根据人脸追踪技术来化妆的脚本。加载视频侦测、画笔和百度大脑插件。点击绿旗，朗读欢迎词，将人脸检测和检测调试设置为on（开启），并做好“化妆”的准备。按下E键，装扮眼镜框，按下M键，装扮胡子。

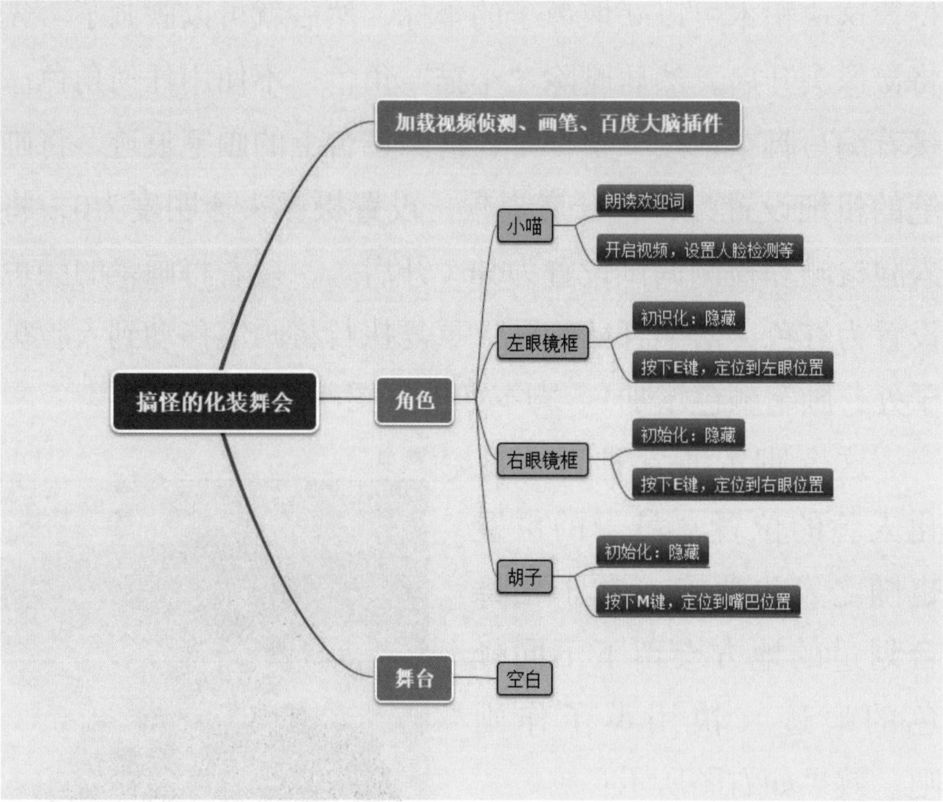

- 搞怪的化装舞会
  - 加载视频侦测、画笔、百度大脑插件
  - 角色
    - 小喵
      - 朗读欢迎词
      - 开启视频，设置人脸检测等
    - 左眼镜框
      - 初识化：隐藏
      - 按下E键，定位到左眼位置
    - 右眼镜框
      - 初始化：隐藏
      - 按下E键，定位到右眼位置
    - 胡子
      - 初始化：隐藏
      - 按下M键，定位到嘴巴位置
  - 舞台
    - 空白

• 创建背景和角色

先来创建舞台。摄像头开启后，舞台背景即成为摄像头的取景框。背景如下图所示：

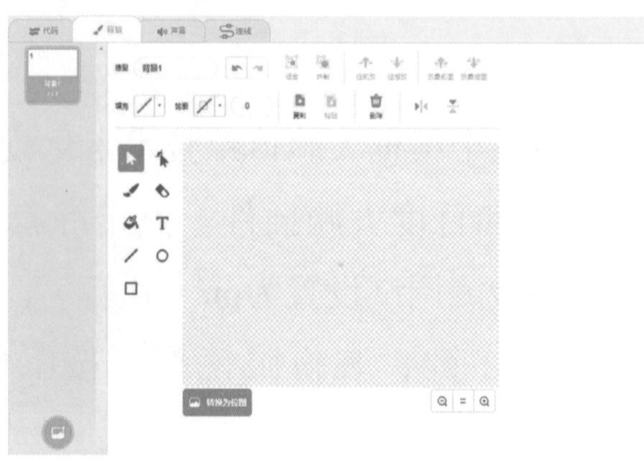

接着来创建角色。单击“上传角色”，从本地文件夹中导入“胡子”“左眼镜框”“右眼镜框”三个角色，并调整至适宜大小，设置合适的中心点。如下图所示：

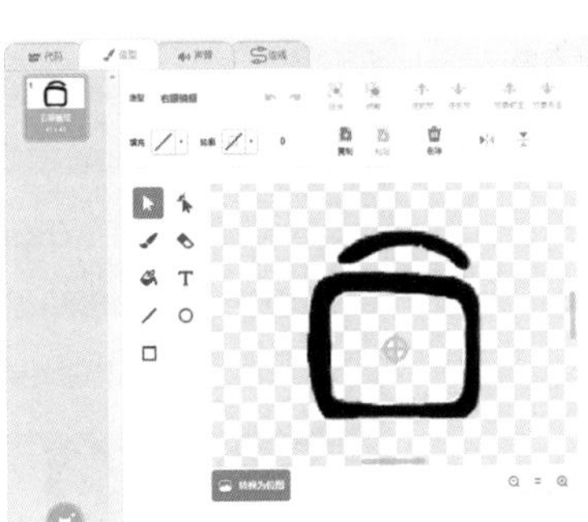

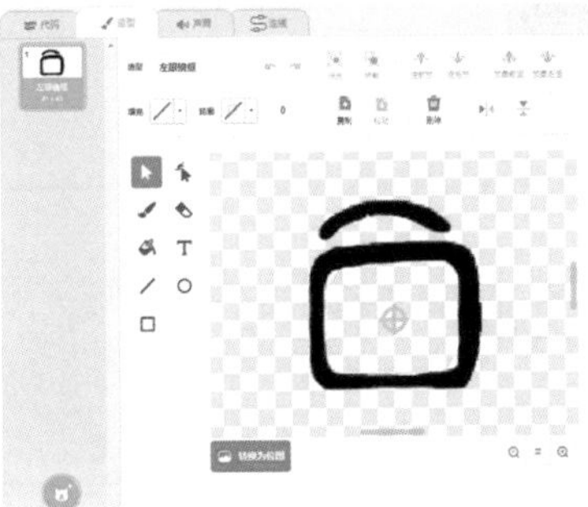

• 搭建脚本

（1）搭建“小喵”角色脚本

果果、可可想创造属于自己、独一无二的化装造型，我们应该如何帮助他们呢？

这个就需要用到“人脸位置”这块积木了。这样吧，你先去做好化装的准备工作：显示欢迎词并朗读出来，将视频、人脸检测都开启。为了方便测试，将检测调试也开启吧。

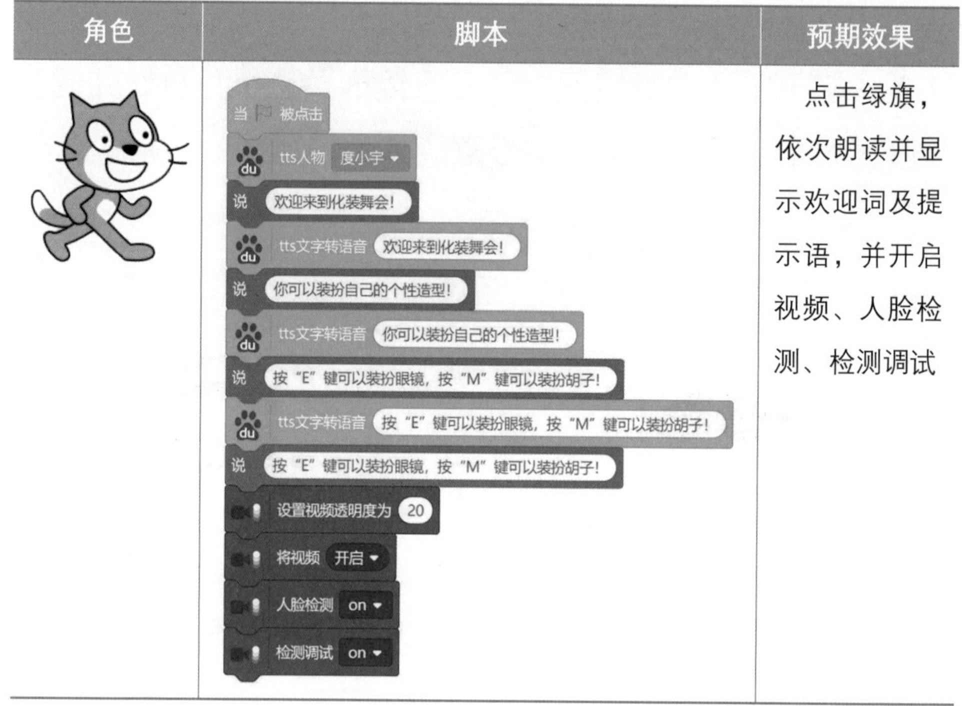

角色	脚本	预期效果
	当 被点击 tts人物 度小宇 说 欢迎来到化装舞会! tts文字转语音 欢迎来到化装舞会! 说 你可以装扮自己的个性造型! tts文字转语音 你可以装扮自己的个性造型! 说 按“E”键可以装扮眼镜，按“M”键可以装扮胡子! tts文字转语音 按“E”键可以装扮眼镜，按“M”键可以装扮胡子! 说 按“E”键可以装扮眼镜，按“M”键可以装扮胡子! 设置视频透明度为 20 将视频 开启 人脸检测 on 检测调试 on	点击绿旗，依次朗读并显示欢迎词及提示语，并开启视频、人脸检测、检测调试

（2）搭建“左眼镜框”角色脚本

准备工作已经做好，果果可以开始自己的个性装扮了吗？

在开始装扮前，我有一点要提醒，在没有按按键的时候，各种负责装扮的角色可不要随便出现啊。

角色	脚本	预期效果
左眼镜框	当 被点击 隐藏	点击绿旗后，“左眼镜框”角色隐藏

我已经告诉左眼镜框了，现在可以开始装扮了吗？

可以开始了，当按下E键，左眼镜框就可以出现了，并且要紧紧跟着果果的左眼睛，可别跟丢了。

角色	脚本	预期效果
左眼镜框	当按下 E 键 显示 重复执行 移到 x: 人脸位置 left_eye x y: 人脸位置 left_eye y	按下E键，“左眼镜框”显示并跟随左眼

（3）搭建“右眼镜框”角色脚本

“右眼镜框”角色脚本搭建思路与左眼镜框一致，只需要将“右眼镜框”显示并跟随右眼。

角色	脚本	预期效果
右眼镜框	当 被点击 隐藏	点击绿旗后，“右眼镜框”先隐藏
	当按下 E 键 显示 重复执行 移到 x: 人脸位置 right_eye x y: 人脸位置 right_eye y	按下E键，“右眼镜框”显示并跟随右眼

（4）搭建“胡子”角色脚本

呀！戴上自己创造的眼镜还真是非常有个性！利用“人脸位置”这块积木还能做其他的装扮吗？

当然可以了，这块积木的功能可是非常强大的，可以让果果在以后慢慢尝试，现在我们先帮果果装扮一个胡子吧。

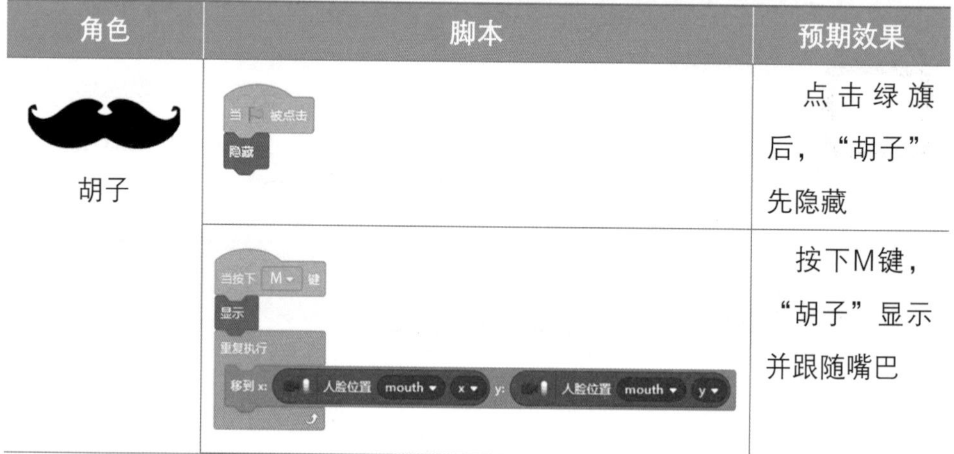

角色	脚本	预期效果
胡子	当 [绿旗] 被点击 隐藏	点击绿旗后，“胡子”先隐藏
	当按下 M 键 显示 重复执行 移到 x: 人脸位置 mouth x y: 人脸位置 mouth y	按下M键，“胡子”显示并跟随嘴巴

通过这几个步骤，化装舞会的装扮已经完成了。点击绿旗，运行脚本。效果如下图所示：

拓展练习

（1）尝试其他面具造型。

看一看戴面具积木中的七个面具各有什么特色，并且与“语音识别”相结合，让人脸变换不同的面具。

（2）尝试创造更多的个性造型。

运用“人脸位置”积木创造更多的个性造型，如耳坠、小丑鼻子、山羊胡子等。

糖果能量站

人脸追踪，又叫面部跟踪，就是在检测到人脸的前提下，在后续帧中继续捕获人脸的位置及其大小等信息，包括人脸的识别技术和人脸的跟踪技术，主要涉及模式识别、图像处理、计算机视觉、生理学等诸多学科，并与基于其他生物特征的身份鉴别方法以及计算机人机感知交互的研究密切相关。人脸追踪技术在影视制作、安防监控、电视电话会议等多种场合都有广泛应用。

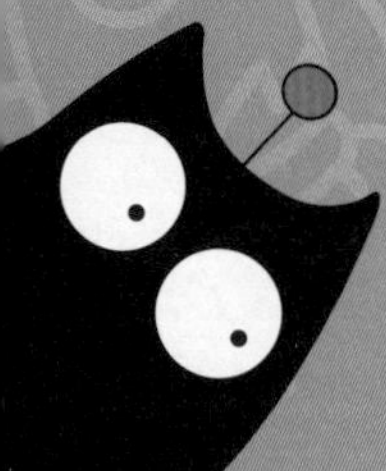

13 脸部追踪胜一筹

果果、可可在化妆舞会玩得不亦乐乎，创作了眼镜、鼻子、面罩、耳坠、胡须、头冠等独特装扮。不过果果、可可也在人脸检测和追踪环节发现了一个问题：检测镜头只能有果果或可可一个人，如果两人一起加入人脸检测，就不能显示各自的表情、佩戴的面具。果果说："我们想在检测镜头中显示多个人，还有他们各自的表情。"糖果老人说："人脸检测在FaceAI的插件中都一一测试过，它是基于网络云端的，测试的时候需要有一定的返回时间。你们所提到的这个功能需要更加细化的人工智能。幸好Kittenblock中增加了本地版的FaceApi系列积木，能基本实现你们的要求。"

小喵科技站

添加视频侦测、画笔和Machine Learning5插件的操作与前文相同，此处不再赘述。在小喵科技站里主要来了解Machine Learning5插件中本地版人脸检测FaceApi系列积木的功能和使用方法。

小知识

人脸检测在FaceAI中的插件在前文已经详细讲述。FaceAI的人脸检测是基于网络云端的，它对网络要求并不高，只是有一定的时间间隔限制。FaceApi可以检测镜头中有多少个人，还有他们各自的表情。这个功能需要更加细化的人工智能。FaceApi是建立在TensorFlow.js内核上的Java模块，它实现了三种卷积神经网络（CNN）架构，用于完成人脸检测、识别和特征点检测任务。

积木具体描述如下表所示：

FaceApi积木表

积木	积木描述
5 FaceApi 初始化	用于初始化FaceApi
5 FaceApi 检测	对人脸面部进行检测，此积木必须放入循环中，进行循环检测
5 FaceApi 绘制方框 序号 0 画笔	检测人脸并绘制方框
5 FaceApi 绘制 特征 nose 序号 0 画笔	检测五官画标注
5 FaceApi 人脸数目	检测镜头中有多少个人
5 FaceApi 序号 0 表情 neutral	检测不同人的表情

• 检测人脸数目

我们平时看一张照片中有几个人，数一数有几张人脸就可以了。在本项目中，多找一些合影照片，体验一下本地版FaceApi检测人数。当然也可以喊上几个小伙伴一起来体验人工智能检测人脸数目。先将摄像头开启，使用默认的“小猫”角色，并将角色

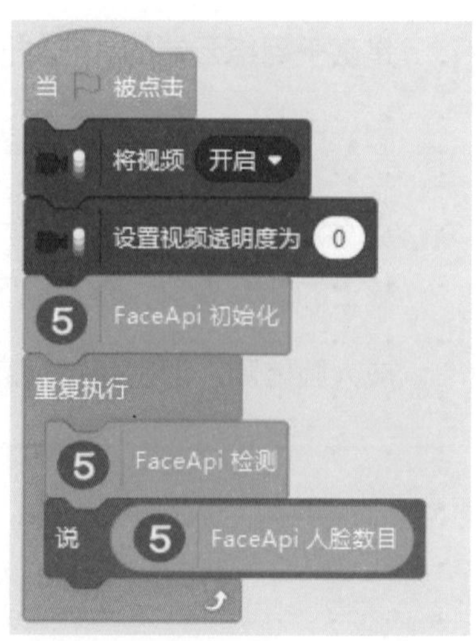

名称修改为“小喵”，将其隐藏。然后选中“小喵”角色，开始编写脚本。当脚本开始运行的时候，开启摄像头，将视频透明度设置为0；初始化FaceApi；重复执行FaceApi检测，在舞台上显示检测到的人数。脚本如上页图所示：

第一次使用FaceApi初始化以及检测时，脚本运行有些缓慢，稍等几秒就可以解决问题。第二次运行的时候，就会流畅很多。这是因为首次运行需要导入FaceApi模型到显卡中进行初始化运算。本项目以照片来测试，当然也可以使用真实的人脸来测试。效果如下图所示：

挑战自我

- 思维向导

我们一起来编写一个本地版人脸画框和人脸各部位追踪

的脚本。加载视频侦测、画笔和Machine Learning5插件。开启视频，设置视频的透明度。初始化FaceApi，重复执行检测人脸并绘制方框。检测五官中nose、eye和mouth并用画笔绘制。

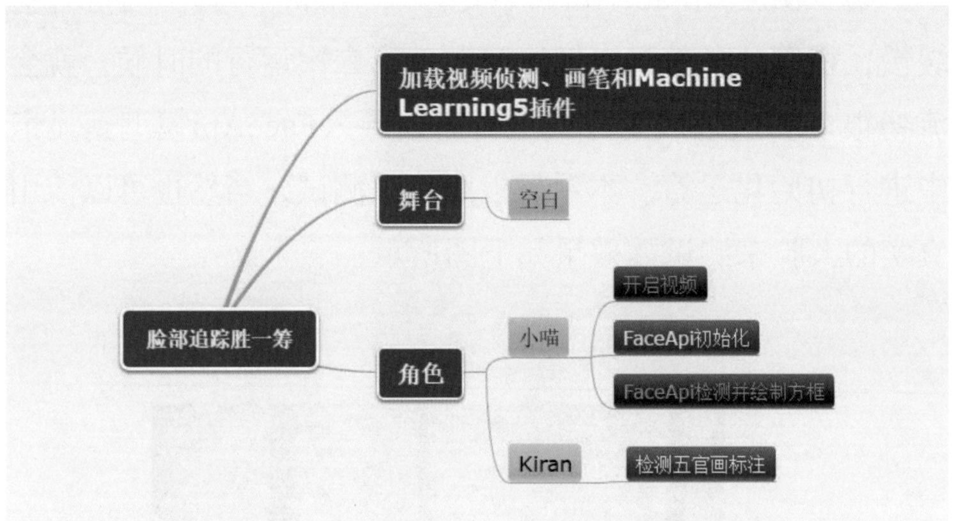

• **创建背景和角色**

先来创建舞台。摄像头开启后，舞台背景即成为摄像头的取景框。接着来创建角色。使用默认的“小猫”角色，并将角色名称修改为“小喵”。单击“选择一个角色”，从系统角色库中导入“Kiran”角色，并调整至适宜大小。

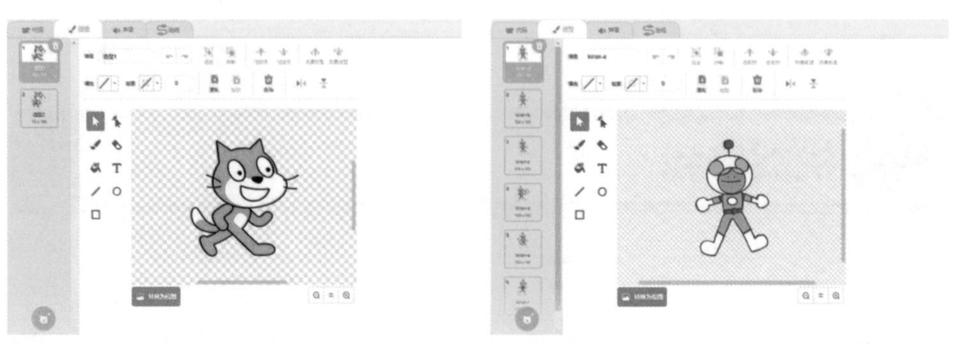

• 搭建脚本

（1）搭建“小喵”脚本

经常看到一些网络图片，对检测到的人脸画框，感觉很先进呢！

角色	脚本	预期效果
		当绿旗被点击的时候，开启视频，将视频透明度设置为0。初始化FaceApi。重复执行清除舞台上的画笔痕迹、FaceApi检测、对检测到的人脸画方框，等待0.05秒

以对一张合影照片画框为例，效果如右图所示：

（2）搭建“Kiran”脚本

FaceApi不用使用网络，是本地版的人脸检测，功能依然很强大呢！

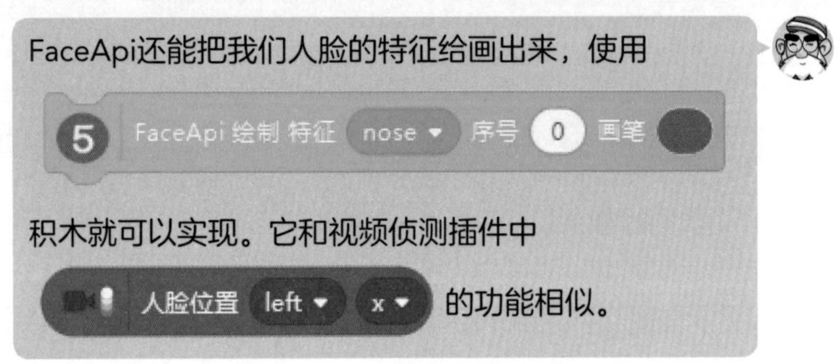

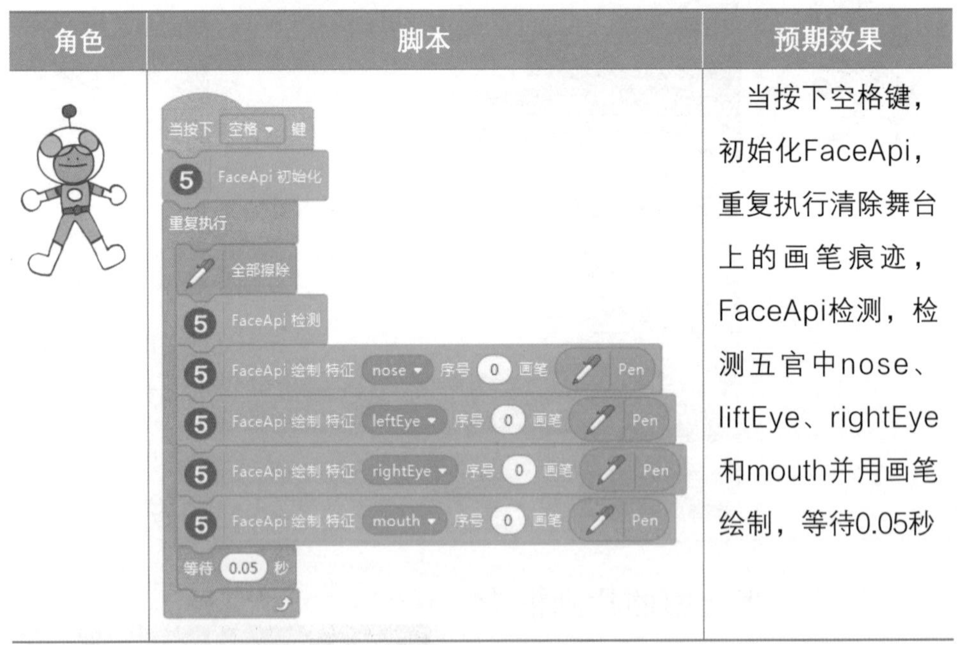

角色	脚本	预期效果
		当按下空格键，初始化FaceApi，重复执行清除舞台上的画笔痕迹，FaceApi检测，检测五官中nose、liftEye、rightEye和mouth并用画笔绘制，等待0.05秒

选择一张人脸照片，按下绿旗和空格键后，我们发现不仅对人脸绘制了方框，还将五官中nose、liftEye、rightEye和mouth用画笔进行了绘制。如果是真人测试画方框，摄像头一定不要背光，周围环境要明亮一些，不然测试效果会很

差。使用图片的测试效果如下图所示：

拓展练习

（1）微笑大比拼

做一个生活中积极向上的人，多一些微笑。编写一个脚本，测试微笑率，比一比同一个摄像头框内的小伙伴谁笑得最灿烂。

（2）人脸追踪应用

人脸追踪在影视制作、安防监控、电视电话会议等多种场合都有广泛应用。挑选其中的一个场合调查研究，形成一篇科技调查报告。

糖果能量站

TensorFlow是一个基于数据流编程（dataflow programming）的符号数学系统，是用于数值计算的开源软件库，主要用于机器学习和深度神经网络方面的研究。TensorFlow拥有多层级结构，可部署于各类服务器、PC终端和网页中，它还支持GPU和TPU高性能数值计算。TensorFlow最开始是由谷歌大脑小组研究开发，目前是世界上最好的机器学习工具库之一，开发小组希望创造一个开放的标准来促进交流、研究想法和将机器学习算法产品化。TensorFlow具有高度的灵活性、真正的可移植性、科研和产品联系在一起、自动求微分、多语言支持、性能最优化等诸多特性。由于TensorFlow是开源软件库，任何人都可以在Apache 2.0开源协议下使用TensorFlow。

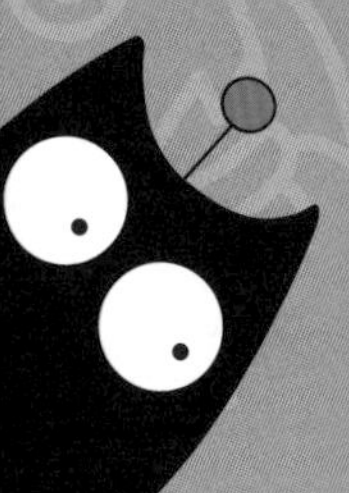

14 骨架追踪试一试

糖果小镇的游玩真的是尽兴啊！这天，果果、可可两个人有说有笑地又去参观糖果小镇的科技展览馆。刚进门，果果突然发现房间墙壁上屏幕里的自己被一圈红色的东西“锁住”了，而且怎么都摆脱不了。果果急得跳了起来：“这是什么‘鬼东西’，太可怕了，难不成是‘鬼缠身’吗？”小喵捂着嘴笑了起来：“这是骨架追踪，你的骨架的每一个动作都会被锁定，并用画笔圈出来。”糖果老人接着说道：“可别小瞧了这个骨架追踪，它在公共安全、视频处理上有广泛的应用。”

小喵科技站

在小喵科技站里添加“Machine Learning5”插件，在后面的章节中使用中文名字“机器学习”。下面重点来了解“机器学习”插件中关于骨架追踪的三块积木的功能和使用方法。

首先单击Kittenblock项目编辑器左下角的“添加扩展”按钮，会弹出“选择一个扩展”窗口。加载画笔、视频侦测插件的操作与前文相同，此处不再赘述。接下来从打开的“选择一个扩展”窗口中单击“人工智能”选项，选择“机器学习”插件，在积木类型列表中会出现“机器学习”类别。如下图所示：

加载成功后，单击“机器学习”模块，出现机器学习的所有积木。如下页图所示：

小知识

机器学习插件中的PoseNet模型的底层技术依靠TensorFlow实现。TensorFlow是一个基于数据流编程的符号数学系统，用于实现各种机器学习算法编程。它的前身是谷歌的神经网络算法库DistBelief。PoseNet可以检测一个或多个姿势，也就说它可以检测视频的单个人或者多个人。Kittenblock软件中的PoseNet模型只能检测一个人、多个姿势。

积木具体描述如下表所示：

PoseNet积木表

积木	积木描述
PoseNet 初始化	PoseNet初始化，每次使用需要首先点击，与谷歌服务器连接
PoseNet 检测	PoseNet检测骨架，和画笔结合可以将骨架绘制在舞台上
PoseNet 位置 nose x-y x	PoseNet的x或者y坐标位置

小试牛刀

- **骨架追踪初试**

让小喵带着果果、可可一起来试一试骨架追踪，感受下糖果小镇的最新科技。本项目比较简单，一步步地完成操作实现测试骨架追踪的效果。首先使用摄像头取景。使用默认的“小猫”角色，并将角色名称修改为“小喵”，将小喵隐藏。然后点击PoseNet初始化积木，等待模型下载成功。当按下空格键，使用画笔将PoseNet检测到的骨架绘制在舞台上，等待0.1秒再次追踪骨架。脚本如下图所示：

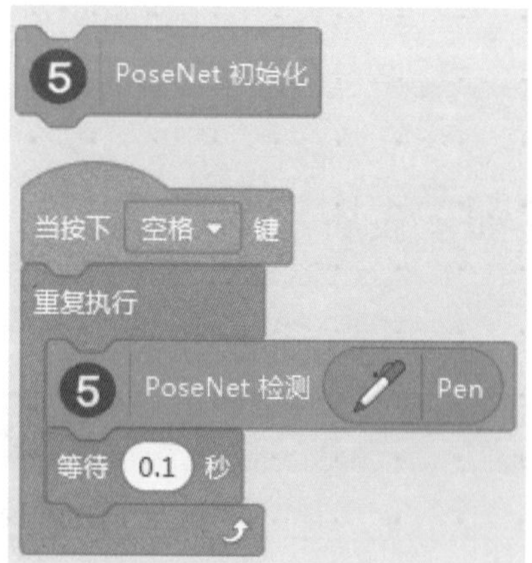

在测试脚本的时候，一定要先点击PoseNet初始化积木，等待和谷歌服务器连接成功。如果PoseNet模型下载成功，PoseNet初始化积木不再是运行状态。效果如下页图所示：

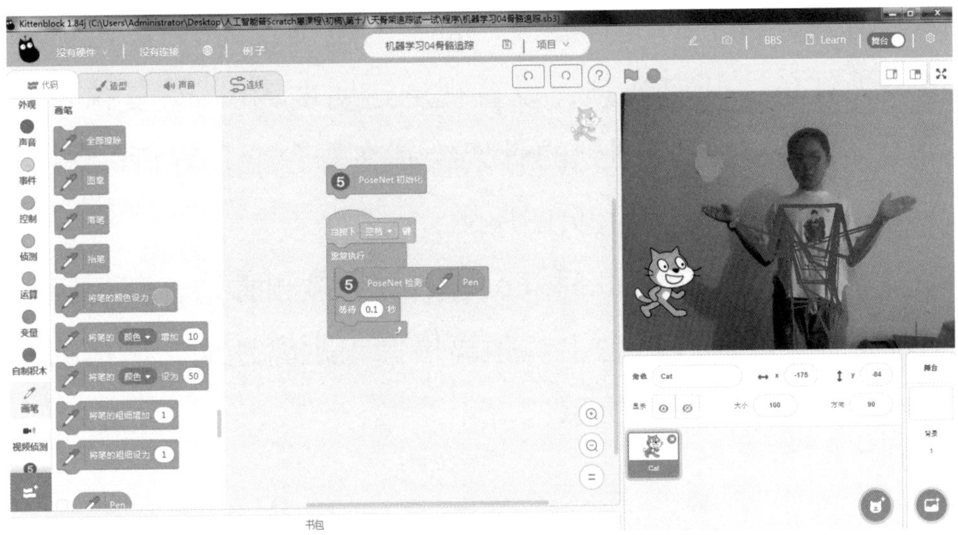

• 升级版骨架追踪

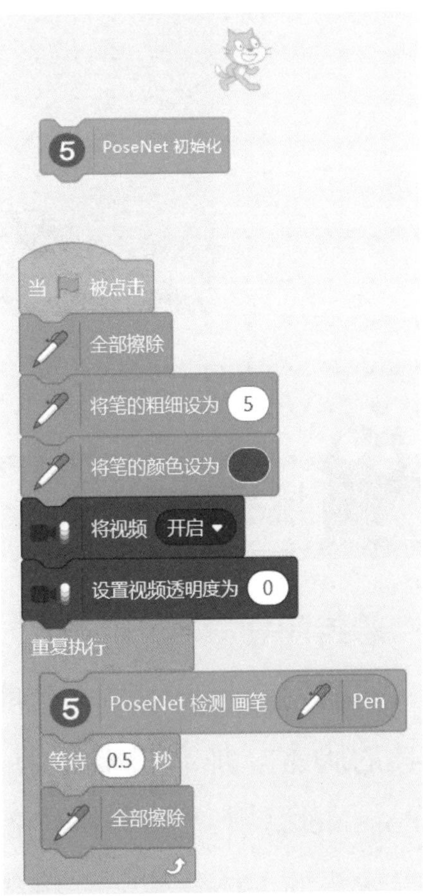

在前面的测试中，画笔在舞台上留下的痕迹重合在了一起，始终保持一个姿势的时候，可以“描重”，效果比较明显。但是，变化一下姿势，骨架追踪的效果就非常差了。因此，在本项目中，将前例脚本略作修改，随时清除画笔留下的骨架追踪结果。依然使用摄像头取景，使用默认的“小猫”角色，并将角色名称修改为“小喵”，将小喵隐藏。然后点击PoseNet初始化积木，等待模型下载成功。当按下空格键，清除舞台上的所有痕迹，将笔的粗细设为5，将笔的颜色设为红色。开启视频，设置视屏透明度为0。重复执行使用画笔将PoseNet检测到的骨架绘制在舞台上，等待0.5秒再次追踪骨架。脚本如上页图所示：

测试中发现每隔0.5秒PoseNet就会检测骨架，并与画笔结合将骨架绘制在舞台上。距离摄像头距离越远，追踪的效果越好。效果如下图所示：

挑战自我

- **思维向导**

我们一起来编写一个能同时进行骨架追踪和佩戴猫头面具的脚本。加载机器学习、画笔、视频侦测插件，初始化PoseNet模型，当按下空格键后，摄像头可以自动捕捉进入摄像头的人体骨架，并将猫头移动到人脸处。

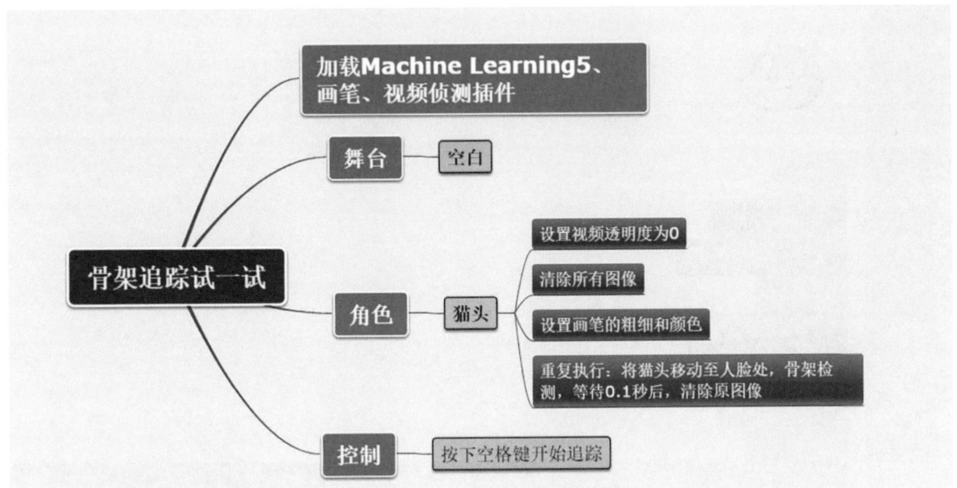

- **创建背景和角色**

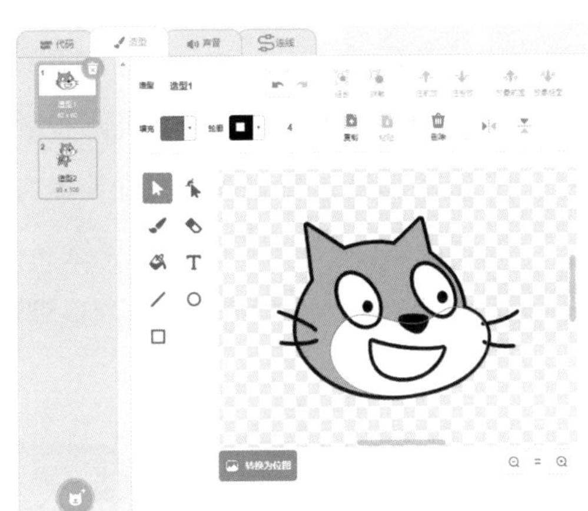

先来创建舞台。摄像头开启后，舞台背景即成为摄像头的取景框，因此无需添加任何背景。接着来创建角色。使用默认的“小猫”角色，删除猫的下半身，只保留猫的头部，并将角色名称修改为“猫头”，如右图所示：

- **搭建“猫头”脚本**

使用“全部擦除”积木，骨架追踪基本上做到了实时更新，变化位置的时候，画笔将骨架绘制在舞台上了。

可以做一个更好玩的，还记得“搞怪的化装舞会”吗？PoseNet的位置积木也可以随意地将角色移动到“nose”“ear”处，和戴面具的效果一样呢。

角色	
脚本	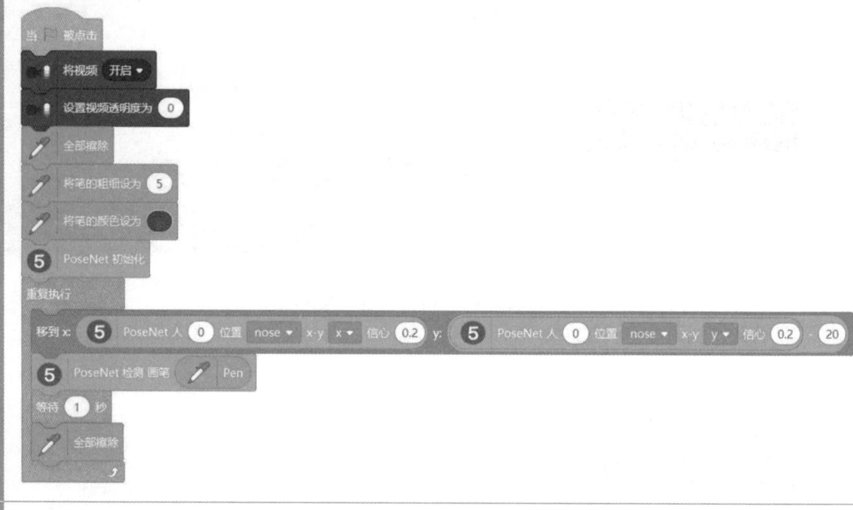
预期效果	当按下“空格”键，开启视频，设置视频的透明度为0，擦除舞台上的痕迹，将画笔的粗细设置为5，画笔的颜色设置为红色。使用画笔将PoseNet检测到的骨架绘制在舞台上，等待0.1秒，擦除上一次留在舞台上的骨架痕迹，再次追踪骨架

使用 5 PoseNet 位置 nose x-y x 积木，可以给人脸带上“猫头”面具。实际测试中，猫头跟随人脸的效果不是特别明显。动作幅度不要过快，让“猫头”有响应的时间。需要多次测试才能找到最佳的效果。效果如右图所示：

拓展练习

（1）穿盔甲

导入一副盔甲，将其分割成头部、胸部、左右胳膊、左右腿部等角色，使用 5 PoseNet 位置 nose x-y x 积木完成一个穿盔甲的脚本。

（2）随意设置骨架追踪颜色

通过鼠标点击的方式提前选择画笔的颜色和画笔的粗细，然后再进行骨架追踪。

糖果能量站

骨架追踪是在图像或视频中检测人体姿态的计算机视觉技术，它不能确定视频中的人物是谁，但可以确认视频中人物各个关节点、骨架的位置。PoseNet完全开源，任何人都可以将这项技术应用到自己的项目中。PoseNet运行在TensorFlow.js上，只要有摄像头就可以在Kittenblock中体验该技术。骨架追踪技术广泛应用在交互式装置、增强现实、动画、健身、体育运动中。例如利用骨架追踪技术选取人体的头、左肩、右肩、左髋、右髋、两髋的中心6个骨架点来判断人体是否摔倒，这样可以保障人体的安全，尤其对独居老人的监护更是有重大意义。

15 机器读诗本领大

糖果小镇举行了古诗文游园赏析会，大家都来参加了。站在作品前，果果自告奋勇给大家读诗：“西塞山前白鹭飞，桃花流水……流水……”果果声音越来越小，原来后面的字果果不认识。小喵说道：“这个字我也不认识呀，不过我有别的办法能读出这首诗。我们可以使用糖果小镇的人工智能技术——读诗机器人。”

小喵科技站

添加视频侦测、FaceAI和百度大脑插件，与前文的操作相同，此处不再赘述。在小喵科技站里主要来了解FaceAI插件中文字识别积木以及百度大脑中写诗写春联积木的功能和使用方法。

小知识 ▾

本章要用到FaceAI插件中的文字识别积木。文字识别是图像识别的一种应用，识别过程主要分三个步骤：文本检测提取、字符分割（根据规则将中文字符或者英文字符分割成独立的单元）、字符识别（对独立的单元做算法处理进行识别）。

FaceAI文字识别积木如下：

积木	积木描述
文字识别 txt ▾	本积木需要搭配列表使用，将文字识别到目标列表当中，识别结果会把每一行存成列表的一个项

小知识 ▾

AI写诗是通过深度神经网络等技术模拟人的创作过程。百度大脑经过庞大的诗词库与对联库学习，才会拥有现代诗歌和对联的创作能力。AI学习创作过程与人类学习创作的过程非常相似，即通过反复学习产生积累，积累到一定程度后，给出关键字就能写出古诗与对联，这是在学习积累的基础上产生的新创作。

百度大脑写诗写春联积木如下：

积木	积木描述
写春联 小喵	根据关键字来创作一副春联
写诗 小喵	根据关键字来创作一首诗

小试牛刀

• 文字识别打招呼

我们不开口说话，而是采用识别文字的形式来和小喵打招呼，这种方式是不是更有新意呢？先将摄像头开启，舞台背景即成为摄像头的取景框。然后使用默认的“小猫”角色，并将角色名称修改为“小喵”。单击“上传角色”，从本地文件夹中导入“可可”角色，并调整至适宜大小。接着选中“可可”角色，开始编写脚本。开启摄像头镜像并设置透明度为20，将识别的文字“你好小喵”放入“文字”列表，在舞台上显示并朗读识别的文字“你好小喵”，广播消息“你好”。脚本如右图所示：

继续编写第二段脚本：当接收

到“你好”消息后，在舞台上显示并朗读“你好！”。脚本如右图所示：

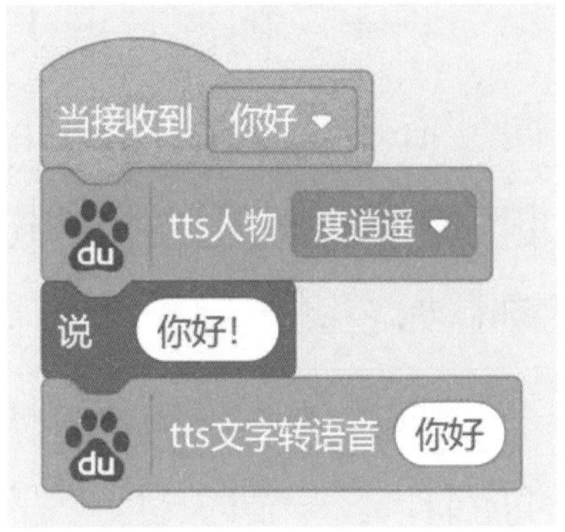

脚本运行的时候，将打印好的“你好小喵”文字放置在摄像头前，通过文字识别积木就可以显示和朗读该文字了。快和小喵用新的方式打个招呼吧！效果如下图所示：

- **识别文字写春联**

我们将文字识别积木和百度大脑中的写春联积木结合在一起来使用。让“Gobo”识别文字“春节”，根据“春节”这个关键词创作一副春联。先将摄像头开启，删除默认的“小猫”角色，点击角色列表右下角的“选择一个角色”按钮，在弹出的列表中选择“Gobo”角色。然后编写脚本，将视频镜像开启，将识别到的文字“春节”放入“文字”列表，朗读百度大脑根据“春节”关键词创作的春联，并在舞台上显示出来。脚本如右图所示：

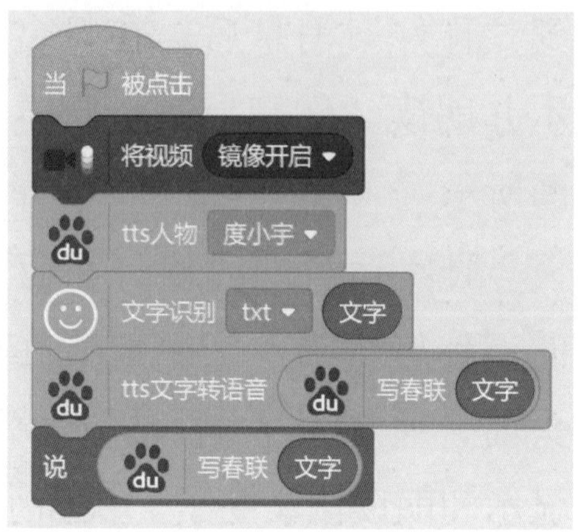

通过测试，“Gobo”真的创作了一副关于“春节”关键词的春联。上联：春节迎春新世纪；下联：福音报福小康年；横批：迎春接福。效果如下图所示：

挑战自我

- **思维向导**

我们来编写一个能自动读诗的机器人，而且让“Pico”能写出一首《渔歌子》。首先加载视频侦测、百度大脑、

FaceAI插件，然后运行，朗读欢迎词，并将视频镜像开启。按下空格键，触发朗读任务。识别文字并存储到列表中，然后将列表中的文字显示并朗读出来。朗读完后广播“写诗”消息，“Pico”收到消息后，创作一首《渔歌子》。

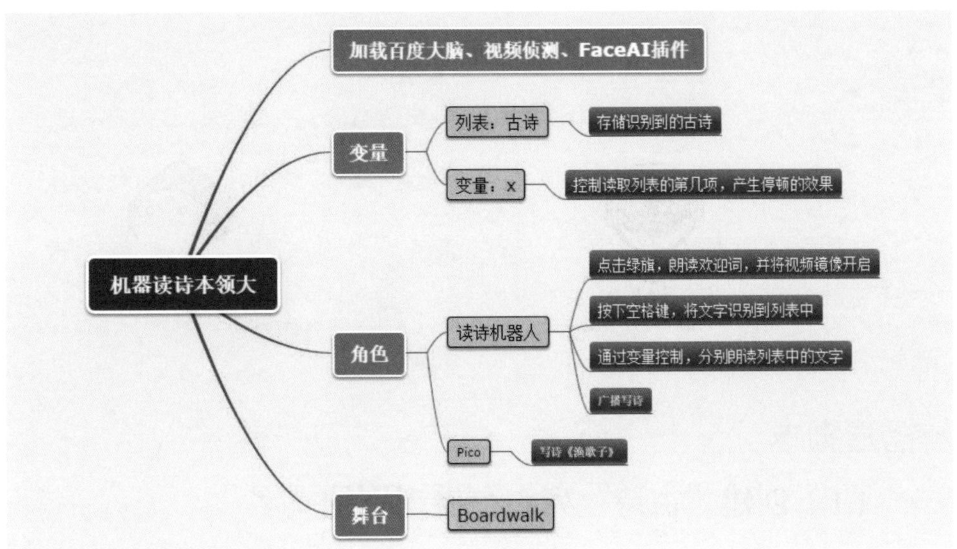

• 创建背景和角色

先来创建舞台。单击“选择一个背景”，选择“户外”，从系统背景库中选择“Boardwalk”。背景如下图所示：

接着来创建角色。单击“上传角色”，从本地文件夹中导入“机器人”角色，并调整其大小和位置。点击角色列表右下角的“选择一个角色”按钮，在弹出的列表中选择“Pico”角色。如下图所示：

- **搭建脚本**

（1）创建“古诗”列表存储识别的文字

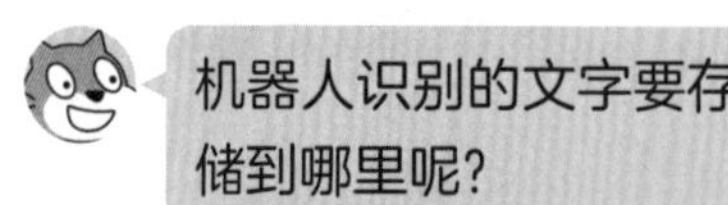

存储到列表里面呀。因为我们不能确定到底有多少文字需要识别，因此要建立一个列表，把每一行识别到的文字都存成列表中的一个项。

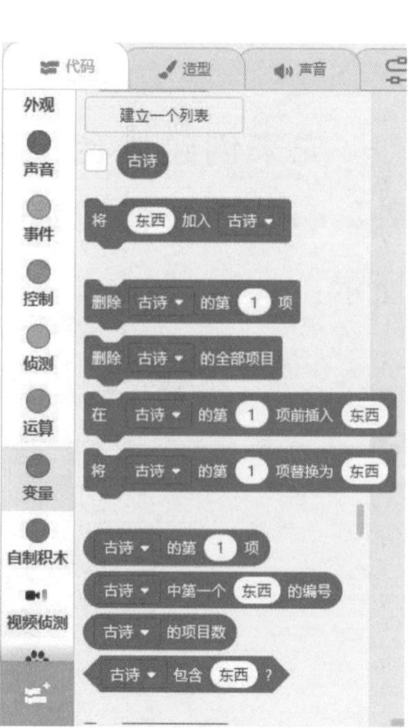

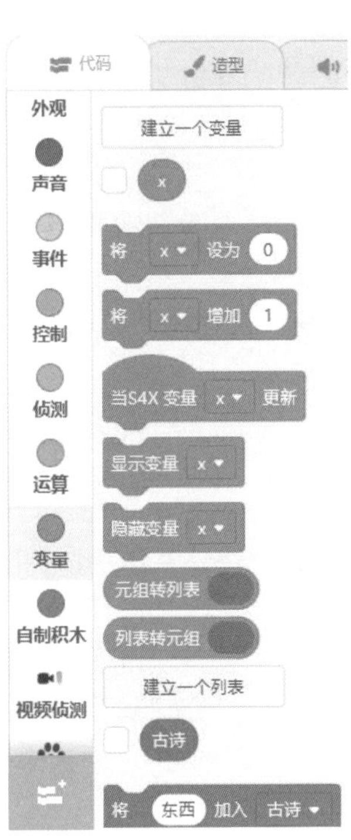

好了，列表创建完成了，可以开始读诗了吗？

考虑一下，我们读诗的时候是不是每一句之间都有停顿？因此，我们还需要一个变量来帮助我们一句一句地读古诗。

（2）搭建“读诗机器人”脚本

应该有欢迎词吧？

是的，我们先给机器人添加欢迎词的功能。同时，我们也要让机器人做好读诗的准备——视频镜像开启。

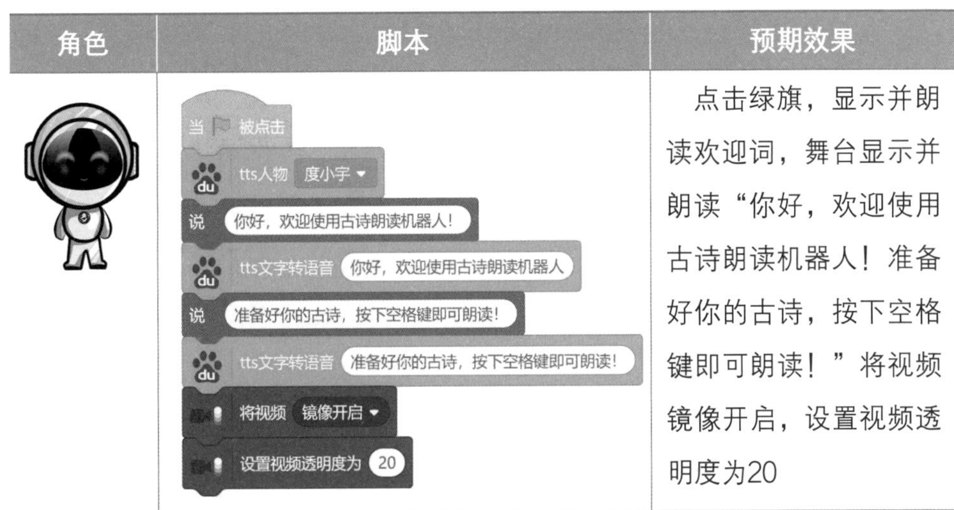

角色	脚本	预期效果
	当 被点击 tts人物 度小宇 说 你好，欢迎使用古诗朗读机器人！ tts文字转语音 你好，欢迎使用古诗朗读机器人 说 准备好你的古诗，按下空格键即可朗读！ tts文字转语音 准备好你的古诗，按下空格键即可朗读！ 将视频 镜像开启 设置视频透明度为 20	点击绿旗，显示并朗读欢迎词，舞台显示并朗读“你好，欢迎使用古诗朗读机器人！准备好你的古诗，按下空格键即可朗读！”将视频镜像开启，设置视频透明度为20

准备工作已做好，可以开始读诗了吗？

可以开始了，当果果按下空格键，读诗机器人就开始识别文字，并将识别到的文字存储到之前建立的“古诗”列表里面。

古诗已经识别完了，赶紧开始朗读吧。

还不行，小喵。开始之前，我先问你几个问题，诗从哪一句开始读？一共要读几句？

当然从第一句开始读啦！至于读几句，有几句就读几句！

嗯，你还真聪明！我们要用变量x表示我们当前读的是第几句，读完一句，再读下一句。至于一共有几句，我们可以用列表的项目数来获取。最后，不要忘记添加一句结束语。

角色	脚本	预期效果
	当按下 空格 键 文字识别 txt 古诗 将 x 设为 1 重复执行 古诗 的项目数 次 说 古诗 的第 x 项 tts文字转语音 古诗 的第 x 项 将 x 增加 1 说 朗读完毕，谢谢！ 2 秒 广播 写诗	按下空格键，开始文字识别，并将识别到的文字存储到“古诗”列表当中。从第一句开始依次往下读，识别到几句古诗就读几句。读完后舞台显示“朗读完毕，谢谢！”然后广播消息“写诗”

（3）搭建“Pico”脚本

机器人是个读诗的高手，我们糖果小镇还藏着一个写诗的高手。

你是说“Pico”吧，它可以根据百度大脑里的写诗积木来创作诗歌。只要给他相应的诗歌题目就可以了。

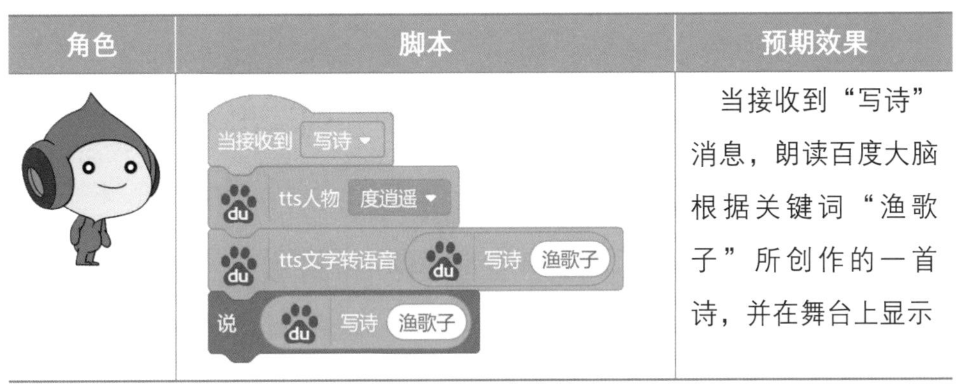

角色	脚本	预期效果
	当接收到 写诗 tts人物 度逍遥 tts文字转语音 写诗 渔歌子 说 写诗 渔歌子	当接收到“写诗”消息，朗读百度大脑根据关键词“渔歌子”所创作的一首诗，并在舞台上显示

FaceAI的文字识别积木让我们能够轻松获取文本信息，百度大脑的写诗写春联功能也非常强大，一个能读，一个能写，配合得相得益彰。效果如下图所示：

拓展练习

（1）宣传页朗读器

生活中会收到很多宣传页，收集这些资料，创作一个宣传页朗读器，将宣传页中的文字识别并朗读出来。

（2）写诗写春联高手

利用百度大脑的写诗写春联积木以及语音识别积木设计一个写诗写春联“高手”，分析一下每次写的诗和春联是不是一样呢？

糖果能量站

身份证OCR识别技术使用成熟的OCR文字识别技术，它通过手机或者带有摄像头的终端设备对身份证拍照，并对身份证照片做OCR文字识别，提取身份证信息。此技术不仅仅只有身份证识别功能，还集合了驾驶证识别、护照识别、车牌识别、银行卡号识别、名片识别、文档识别等功能，具有成本低、使用方便、容易扩展的优点。

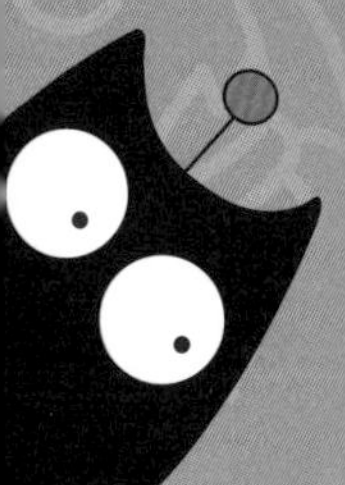

16 看图识物大百科

今天是一个好天气，果果、可可一起来到了糖果小镇的动物园，要好好玩一玩。他们在智能停车场快速停好了车，刷脸门禁确认了他们的会员身份。他们先去看了动物园里新来的狐獴和袋鼠，然后又去看了老虎宝宝们。当然，遇到有趣的、新奇的场景，免不了要多拍一些照片。这次动物园之行还有一个任务，就是帮糖果老人拍一张老虎的照片。回到住所，可可打开照片文件夹有点犯难了——照片太多了，好多的动物也忘了叫什么名字，想找到一张老虎宝宝的照片可真不容易，想要知道每张照片中动物的名字就更难了。这时，小喵走了过来。“看图识物是我的强项，通过机器学习，我能认识的物体越来越多，只要有照片，一切看我的吧！”小喵拍着胸脯说。

小喵科技站

添加百度大脑、翻译、视频侦测和机器学习插件的操作与前文相同，此处不再赘述。在小喵科技站里主要来了解机器学习插件中图像分类积木和百度大脑中图片识别积木的功能和使用方法。

小知识

Kittenblock中Machine Learning5（简称ml5）的插件，旨在使机器学习变得“平易近人”，方便广大艺术工作者、创意编码员和学生使用。我们可以利用云平台服务器直接学习机器学习。该服务器提供了通过浏览器访问的机器学习算法和模型，不再需要其他外部的依赖。本章所用的ml5中的图像分类器（视频图像分类）MobileNet是一个机器学习模型，经过训练可识别某些图像的内容。

积木具体描述如下表所示：

机器学习之图像分类积木表

积木	积木描述
5 图像分类器加载 MobileNetLocal	加载MobileNet图像分类模型，这是一个神经网络模型，可以在保持响应速度和模型大小的前提下保证识别效果。MobileNetLocal模型已经内置在Kittenblock-1.8.4i以后的版本里了，只需直接选择“MobileNetLocal”即可使用。如果选择“MobileNet”，需要联网加载才能使用

续表

积木	积木描述
	使用MobileNet模型，识别舞台图片，显示为英文名称

小试牛刀

• 百度大脑识花

机器学习是一项很复杂的技术，我们可以先使用前面学习过的百度大脑插件中的 识别 类别 蔬菜 体验一下。下面就找几张花的图片看一看识别结果。先将摄像头开启，单击“上传角色”，从本地文件夹中导入“山茶”“一品红”“君子兰”“月季花”角色，并修改对应的名称，然后调整其大小和位置。如下图所示：

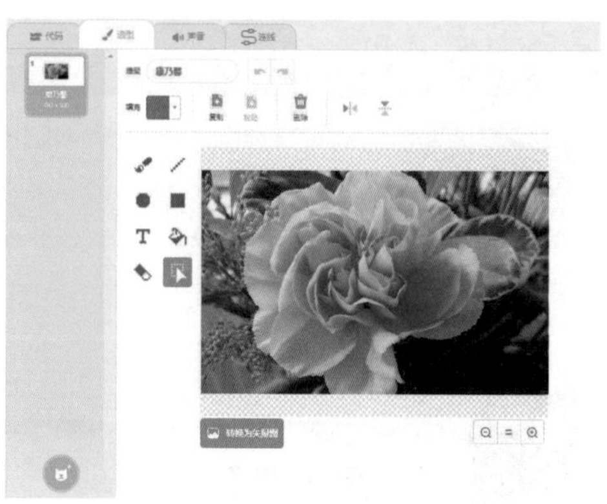

接着选中“山茶”角色，开始编写脚本。按下数字1键，在舞台上显示角色。访问百度大脑云端服务器中识别盆栽类别库。当识别完成，返回数据，朗读识别的结果，等待2秒后，角色隐藏。完整脚本如下图所示：

同样的编程思路，我们对“一品红”“君子兰”“月季花”角色编写脚本。其脚本如下图所示：

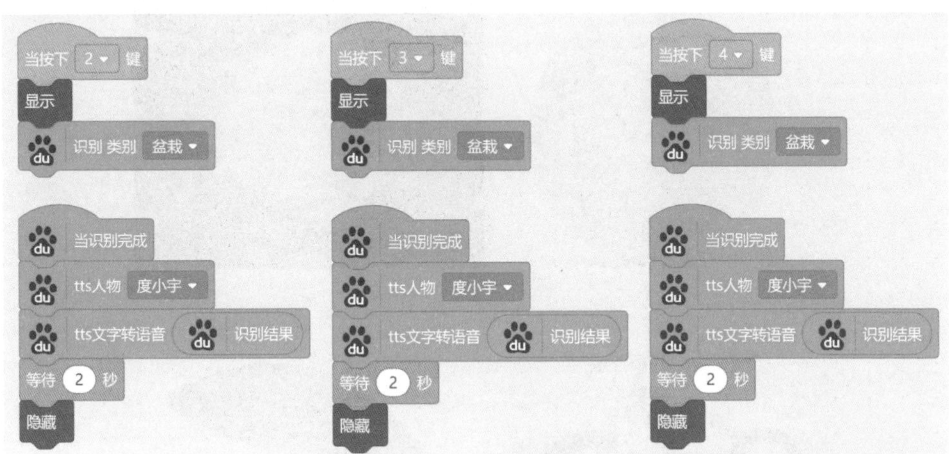

百度大脑不仅能识别花朵，还支持识别动物、其他植物、菜品、地标等，能精准识别超过十万种物体和场景。它拥有多个高精度的识图能力，既可以识别本地图片，也可以开启摄像头识别生活中的常见物品。本项目的效果如右图所示：

- **识别给定图片**

在这个项目中，我们试一试机器学习模块中的 5 图像分类器加载 MobileNetLocal ，先让需要识别的图片显示在舞台上，用 5 图像分类器 预测 积木帮助我们识别图片。

先在网上收集一些图片。图片是我们生活中常见的、真实的、非卡通图片，而且背景要保证干净，最好是纯白色背景，不能太小、太模糊。将收集的图片保存在一个文件夹中。如下图所示：

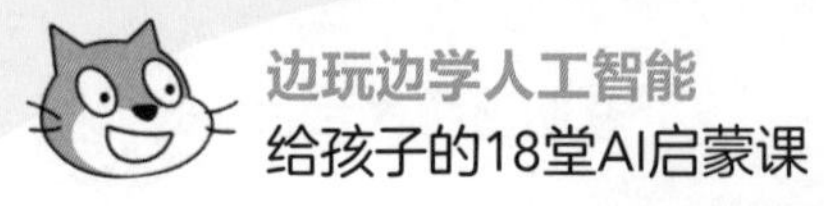

篮球　　山茶

山地车　　雨伞

使用默认的“小猫”角色，并将角色名称修改为“小喵”。单击“上传角色”，从本地文件夹中批量导入“篮球”“山茶”“山地车”“雨伞”角色，并调整其大小和位置。成功加载后，将所有图片和小喵隐藏。如下图所示：

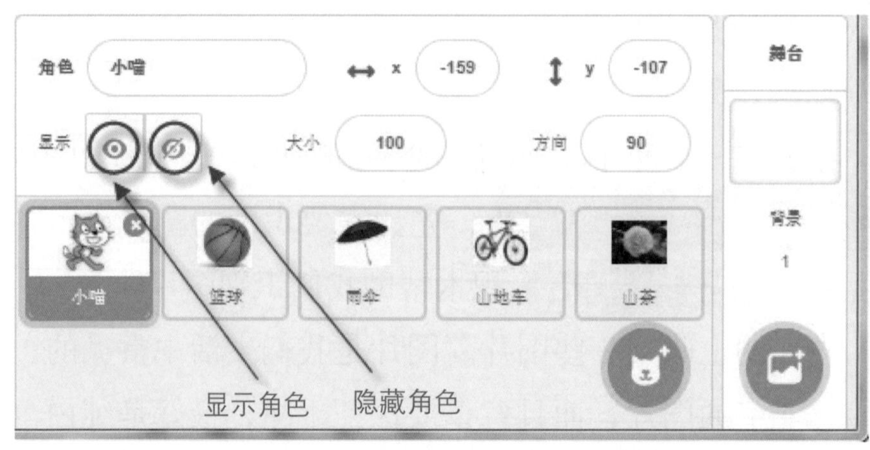

接着选中“小喵”角色，开始编写脚本。当绿旗被点击，图像分类器加载MobileNetLocal，新建变量“名称”，

单击变量前面的方框，使变量处于在舞台中显示的状态。如右图所示：

将“图像分类器-预测”的结果进行翻译，同时将“名称”设定为应该翻译的文字，朗读翻译后的名称。脚本如下图所示：

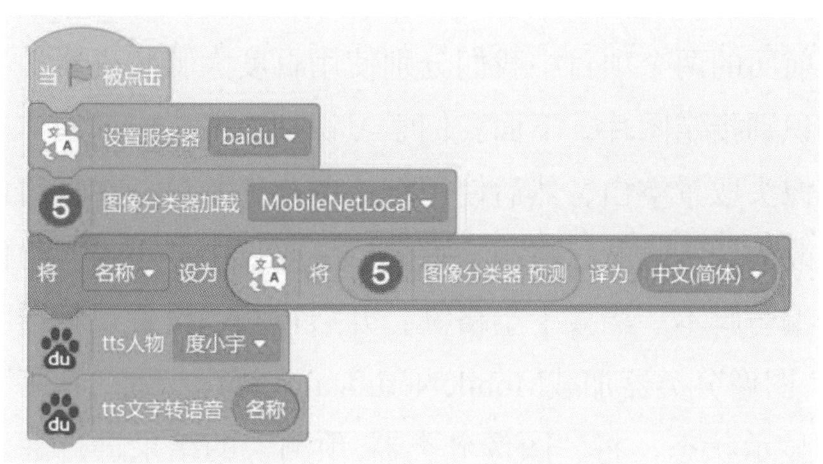

经过测试，山地车成功地被识别出来了，篮球被识别成了篮球运动，雨伞被识别成了降落伞，山茶花被识别成了蜗牛。由于图片的复杂性，某些图片难以识别是很正常的现象，毕竟机器也还在不断学习的过程中。效果如下图所示：

• 识别摄像头窗口物体

前面的两个项目中我们分别使用百度大脑和机器学习插件来识别指定图片，下面我们学习识别摄像头窗口物体。先使摄像头取景空白，然后使用默认的小猫角色，并将角色名称修改为“小喵”，将小喵隐藏。接着选中“小喵”角色，开始编写脚本。当按下空格键，开启视频，设置视频透明度为0，图像分类器加载MobileNetLocal，新建变量“名字”，设为显示状态，将“图像分类器 预测”的结果进行翻译，同时将“名字”设定为应该翻译的文字，朗读翻译后的名字。完整脚本如下图所示：

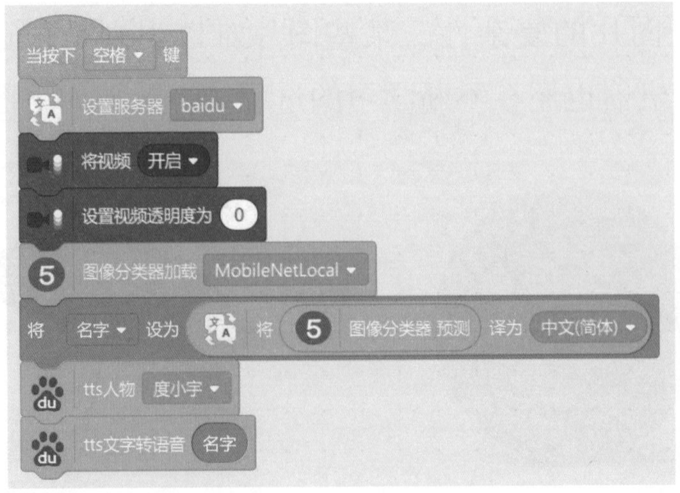

在测试的时候我们需要干净的摄像头窗口，将角色全部隐藏起来。经过测试，圆珠笔和鼠标被识别出来了，剪刀被识别成了火柴棍。效果如下图所示：

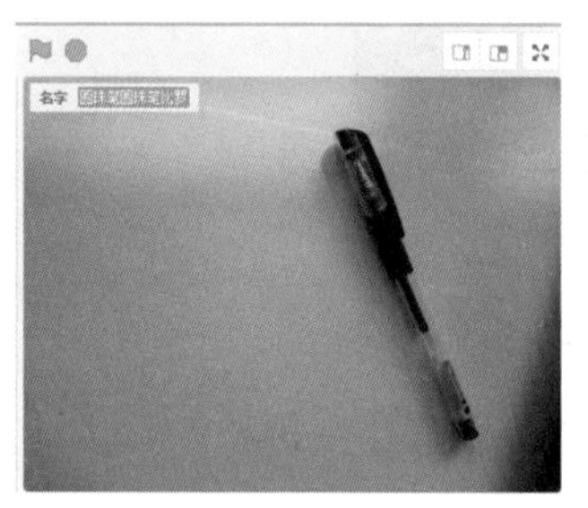

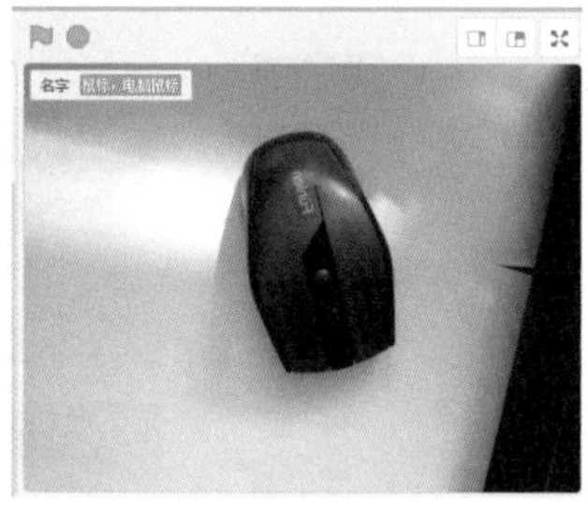

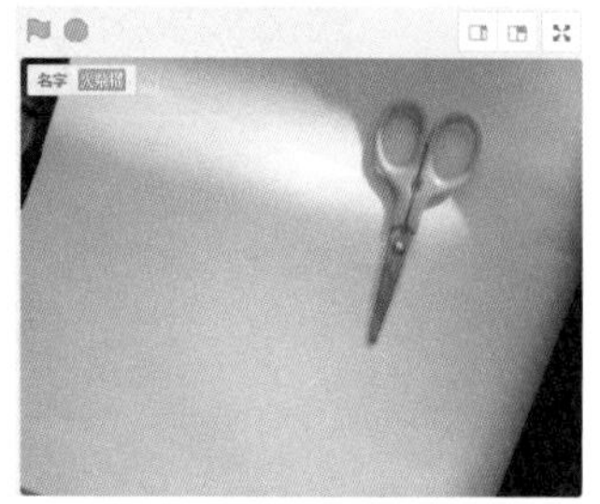

主要有以下几个原因影响识别效果：一是摄像头的像素较小，识别画面本身就是模糊的；二是摄像头窗口背景太杂，对识别造成干扰；三是物体特征MobileNet的样品库中包含的物体少，如果拿一个库中没有的物品，则只能根据库中的常见物体进行猜测。

挑战自我

- **思维向导**

我们来编写一个百兽园找老虎的脚本。加载Machine Learning5和翻译插件，添加“图像分类器MobileNetLocal”命令，依次显示图片、识别图片、判断图片名称，并且说出当前图片的名称，当找到含有“虎”的图片，说出图片是第几张。

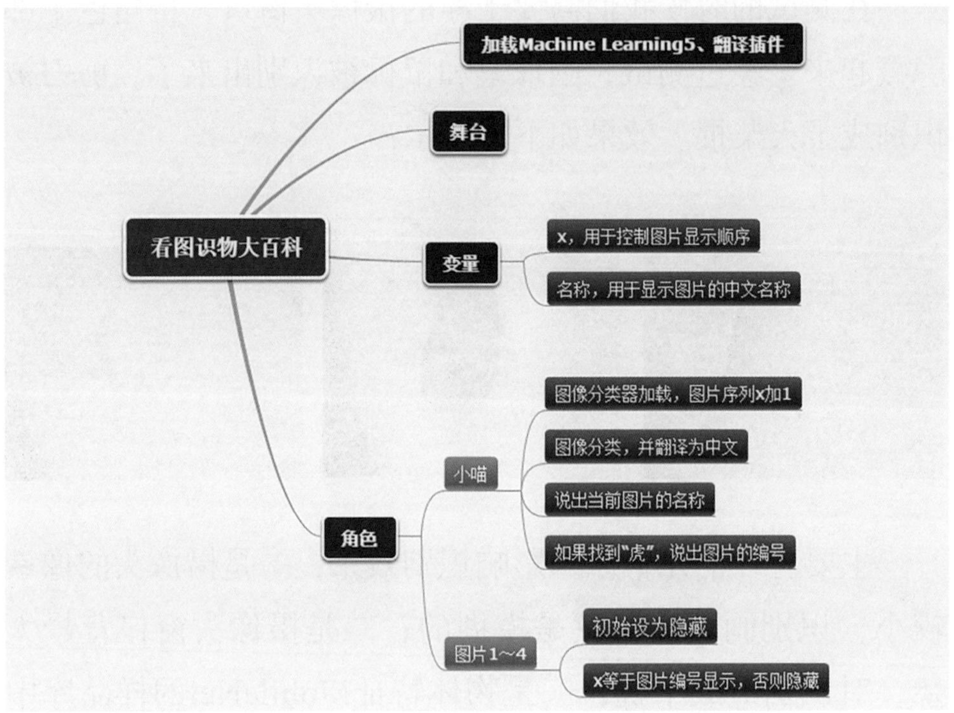

- **创建背景和角色**

先来创建舞台。无需添加任何背景，使用空白背景。如下图所示：

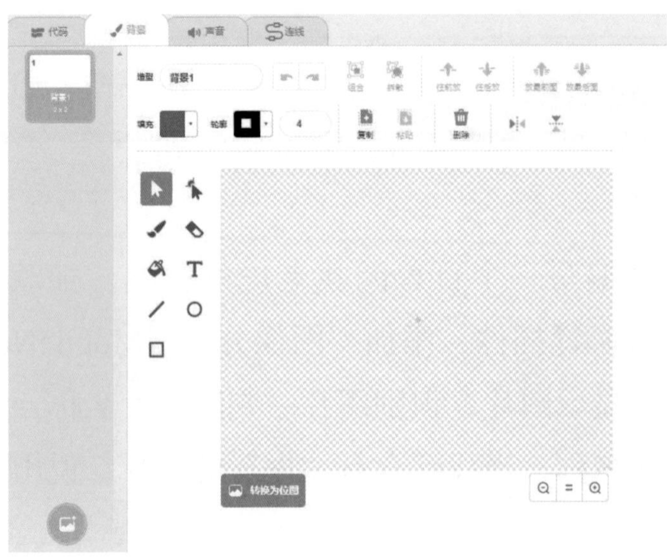

接着来创建角色。使用默认的“小猫”角色，并将角色名称修改为“小喵”。单击“上传角色”，从本地文件夹中分别导入图片1～4，调整图片的大小及位置，设置为隐藏状态。如下图所示：

- 搭建脚本

（1）搭建“小喵”脚本

动物群里找兽王，机器学习来帮忙！让我们请出图像分类器“MobileNetLocal”吧！可它真有这么厉害吗？

这是一个基于神经网络的模型，通过不断地学习，它认识的图片会越来越多。要识别图片，必须要先加载图像分类器。

角色	脚本	预期效果
	当 ⚑ 被点击 设置服务器 baidu 图像分类器加载 MobileNetLocal 说 动物群里找兽王，机器学习来帮忙！ 2 秒 将 x 设为 0 移到最 后面	当绿旗被点击，小喵出场，加载图像分类器“MobileNetLocal”，将变量x设置为0（x用于控制图片的显示顺序）

这么多图片，一张一张打开太慢了，有什么好办法吗？

我们用变量x来控制图片的出场顺序，给每张图片编一个序号，当x=1时，图片1显示，当x=2时，图片2显示，以此类推。然后，每换一张图片，我们就检测图片的名称。

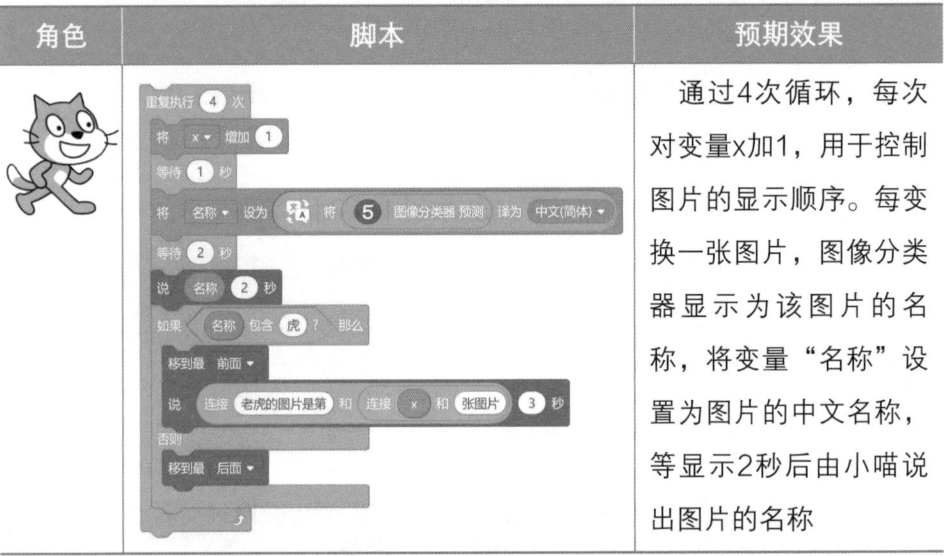

角色	脚本	预期效果
	重复执行 4 次 将 x 增加 1 等待 1 秒 将 名称 设为 将 5 图像分类器 预测 译为 中文(简体) 等待 2 秒 说 名称 2 秒 如果 名称 包含 虎 ? 那么 移到最 前面 说 连接 老虎的图片是第 和 连接 x 和 张图片 3 秒 否则 移到最 后面	通过4次循环，每次对变量x加1，用于控制图片的显示顺序。每变换一张图片，图像分类器显示为该图片的名称，将变量“名称”设置为图片的中文名称，等显示2秒后由小喵说出图片的名称

既然能显示每张图片的名称，找老虎这件事就交给我吧。先判断“名称”里面是否含有“虎”，如果有就说出它的图片编号。

就是这样，看来你越来越聪明了。

角色	脚本	预期效果
	如果 名称 包含 虎 ? 那么 移到最 前面 说 连接 老虎的图片是第 和 连接 x 和 张图片 3 秒 否则 移到最 后面	在循环的过程中，判断每张图片的名称中是否含有“虎”，如果找到，让小喵说出图片是第几张

小喵角色完整的脚本如下图所示：

```
当 ⚑ 被点击
设置服务器 baidu
图像分类器加载 MobileNetLocal
说 动物群里找兽王，机器学习来帮忙！ 2 秒
将 x 设为 0
移到最 后面
重复执行 4 次
    将 x 增加 1
    等待 1 秒
    将 名称 设为 将 图像分类器 预测 译为 中文(简体)
    等待 2 秒
    说 名称 2 秒
    如果 名称 包含 虎 ? 那么
        移到最 前面
        说 连接 老虎的图片是第 和 连接 x 和 张图片 3 秒
    否则
        移到最 后面
```

（2）搭建“动物图片”脚本

变量x明明在变化，为什么图片没有变化？

我们还没有给图片编写脚本呢。这一步，我们要根据x的值编写每张图片角色的脚本，控制它们的显示状态。

后面的操作我知道了，复制可是我的拿手好戏。把图片1的脚本复制给图片2，然后修改x的值就可以了。

学习就是要举一反三，闻一知十。

角色	脚本	预期效果
图片1～4	当 被点击 隐藏 重复执行 如果 x = 1 那么 显示 否则 隐藏	点击绿旗，脚本开始，设定为隐藏状态。一直侦测x变量的值，如果x=1，则图片1显示，如果x=2，则图片2显示，否则为隐藏状态，以此类推

给动物拍完照后虽然忘记了它们的名字，但有了看图识物，就能很好地识别这些动物了。效果如下图所示：

拓展练习

（1）识别生活用品

修改脚本，将动物图片换成生活用品图片，识别这些生活用品。

（2）语音操作

增加脚本的语音操作功能，当说到“下一张”时脚本自动切换图片，并通过“文字朗读”说出图片的名称。

糖果能量站

机器学习（Machine Learning, ML）是一个多领域交叉学科，涉及概率论、统计学、逼近论、凸分析、算法复杂度理论等，专门研究计算机怎样模拟或实现人类的学习行为，以获取新的知识或技能，重新组织已有的知识结构使之不断改善自身的性能。

机器学习最基本的做法是使用算法来解析数据并从中学习，然后对真实世界中的事件做出决策和预测。与传统的为解决特定任务的软件脚本不同，机器学习是用大量的数据来“训练”计算机，使其通过各种算法从数据中学习如何完成任务。机器学习的主要步骤有：数据采集、特征提取、特征组合评价、现状态与特征组合匹配。随着人工智能技术的发展，机器学习变得越来越重要，应用技术也越来越成熟。

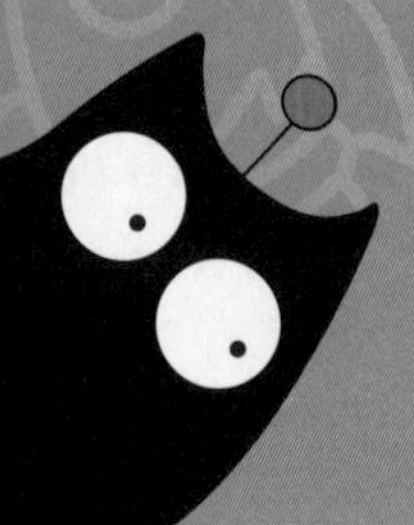

17 你来出题我来画

果果、可可把糖果小镇的游览图片都分享到了朋友圈，之后他们玩起了“猜画小歌”小游戏。这是什么样的小游戏呢？简单地说，就是在限定的时间内根据关键词完成简笔画。“猜画小歌”给出20秒让我们绘制小猫的简笔画。“小歌”会一直猜，他会说：“我猜这是……，这是……，猜出来了，这是小猫。”有时“小歌”猜不出来，它就会跟你吐槽：“你画的什么玩意儿”。小喵按捺不住了，一定要探究“猜画小歌”小游戏里的技术奥秘。不远处，小喵隐隐听到糖果老人的声音：“这是人工智能中的神经网络（RNN）技术。”

小喵科技站

添加画笔、百度大脑、翻译和机器学习插件，与前文的操作相同，此处不再赘述。在小喵科技站里主要来了解机器学习插件中涂鸦RNN积木的功能和使用方法。

小知识

涂鸦RNN是机器创作图画的过程，我们给定一个单词，机器就会画出这个单词对应的画来。涂鸦RNN的输入样本是谷歌“猜画小歌”收集的人类绘画样本。仅仅用了半年的时间，谷歌就收到了全世界两千多万用户的八亿幅绘画样本。在这些数据的基础上，我们一起来看一看机器学习人类的绘画样本后，自己创作的图画是怎样的。

积木描述具体如下表所示：

机器学习的涂鸦RNN积木表

积木	积木描述
5 涂鸦RNN 初始化 cat ▾	涂鸦RNN初始化，目前它包含几十个不同的关键词，如cat、ant、bear等
5 涂鸦RNN 绘画	涂鸦RNN绘画，机器自动画出给定单词对应的图画

小试牛刀

• 画笔画猫

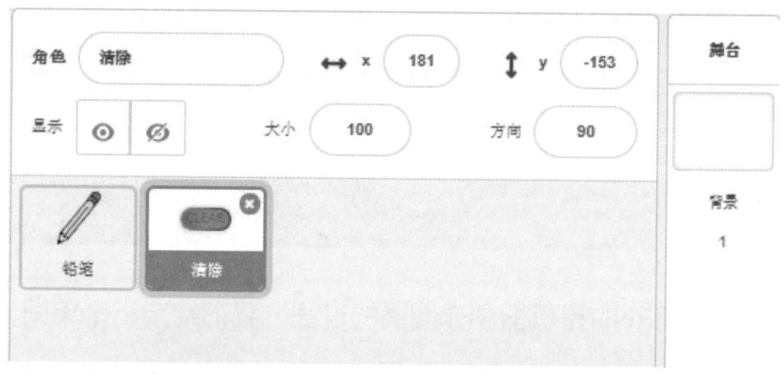

能不能用“画笔”模块来绘制简笔画呢？自己制作一个“绘图板”脚本，导入“铅笔”角色，让笔尖跟随鼠标指针移动，按下鼠标落笔，松开鼠标抬笔，就可以轻松地在舞台上绘画了。无须添加任何背景，使用空白背景。首先点击角色列表右下角的“选择一个角色”按钮，在弹出的列表中选择“Pencil”角色，并修改名称为“铅笔”，在造型中将其移动至中心点。继续选择“button2”角色，并修改名称为“清除”，在其上添加文本“CLEAR”。如上图所示：

接着选中“铅笔”角色，开始编写脚本，此脚本有两段。第一段脚本是当脚本开始运行的时候，重复执行让铅笔移动到鼠标指针处，如果按下鼠标，画笔在舞台上留下痕迹，否则就抬笔，不留痕迹。脚本如右图所示：

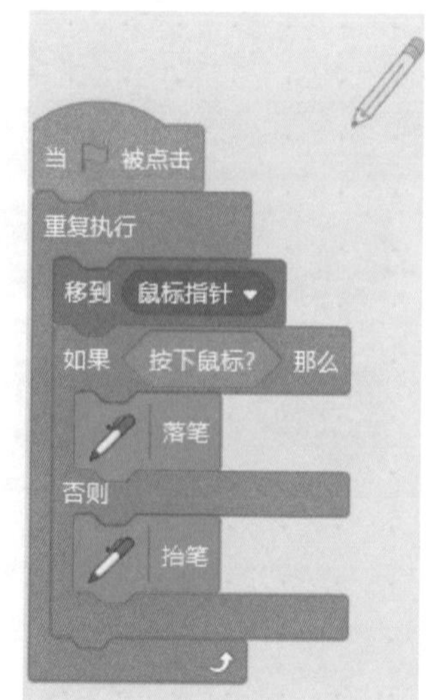

继续选中“清除”角色，开始编写脚本。第二段脚本是当角色被点击的时候，清除舞台上的所有画笔痕迹。脚本如右图所示：

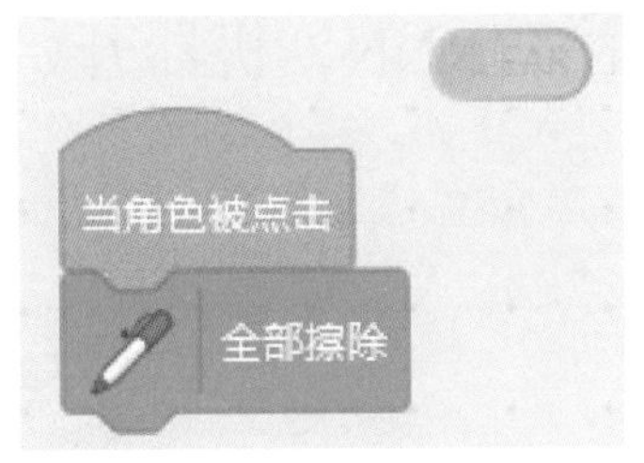

按下鼠标左键，尝试自己画一只猫，想一想画猫的时候是如何起笔的，主要有几个重要的特征。效果如下图所示：

- **机器自动画猫**

在上一个项目中，我们已经绘制了一只属于自己的猫。“猜画小歌”这个小游戏是对人的绘画的辨认，利用的是神经网络技术，它能认出各种“神作”，其实这些都是基于机器对大量绘画样本的学习。涂鸦RNN绘画能自动绘制“cat”，这些“cat”的样本都来自“猜画小歌”。赶快试一试让AI画出它心中的“cat”模样吧。先使用默认的白色背景，使用默认的“小猫”角色，将角色名称修改为“小喵”，将小喵在舞台上隐藏。然后选中“小喵”角色，开始编写脚本。当按下空格键，清除舞台上的所有图像。初始化涂鸦RNN，机器开始自动画“cat”。脚本如下图所示：

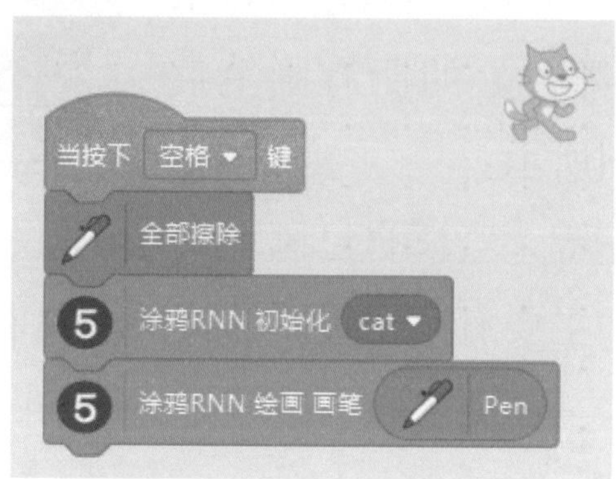

按下空格键，机器就会自动作画，以下四幅图片就是机器“心中”的猫。

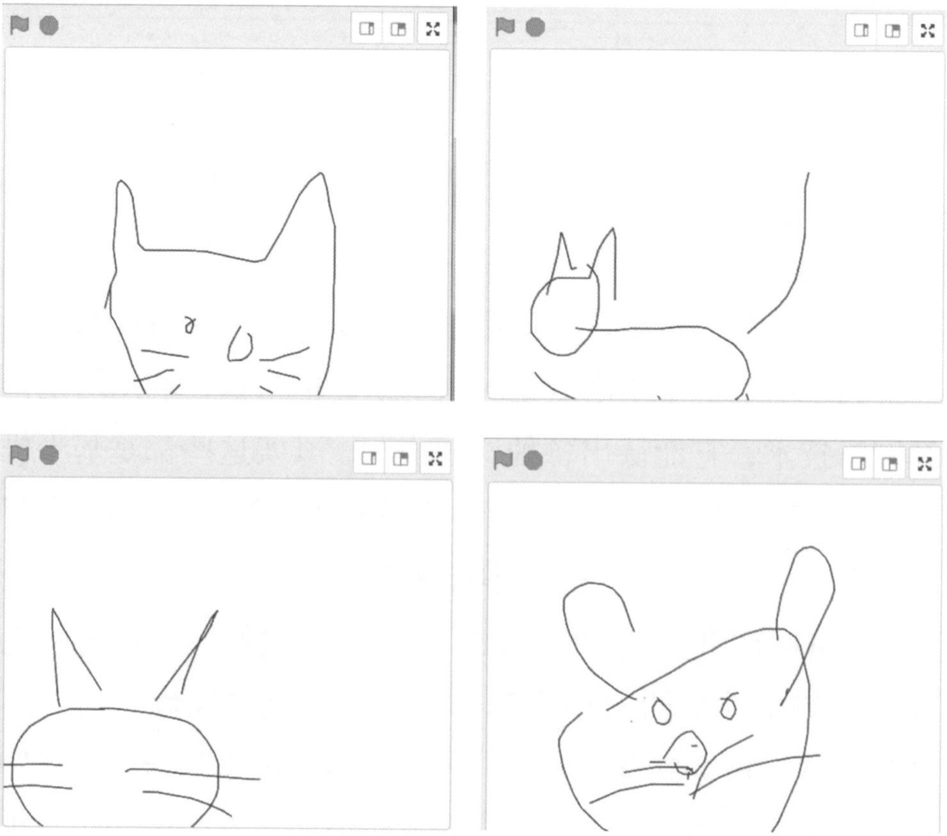

挑战自我

- 思维向导

我们来编写一个非常有趣的脚本。机器先自动画猴子，然后再让机器去识别自己的猴子画作。加载画笔、百度大脑、翻译和Machine Learning5插件，通过“笔的颜色”调节画笔的颜色，通过“笔的粗细”调节画笔的粗细。当按下空格键，让机器自动绘制“monkey”，绘制完成后，让机器再反向识别“monkey”画作。点击“CLEAR”角色，清除舞台上的所有图像。

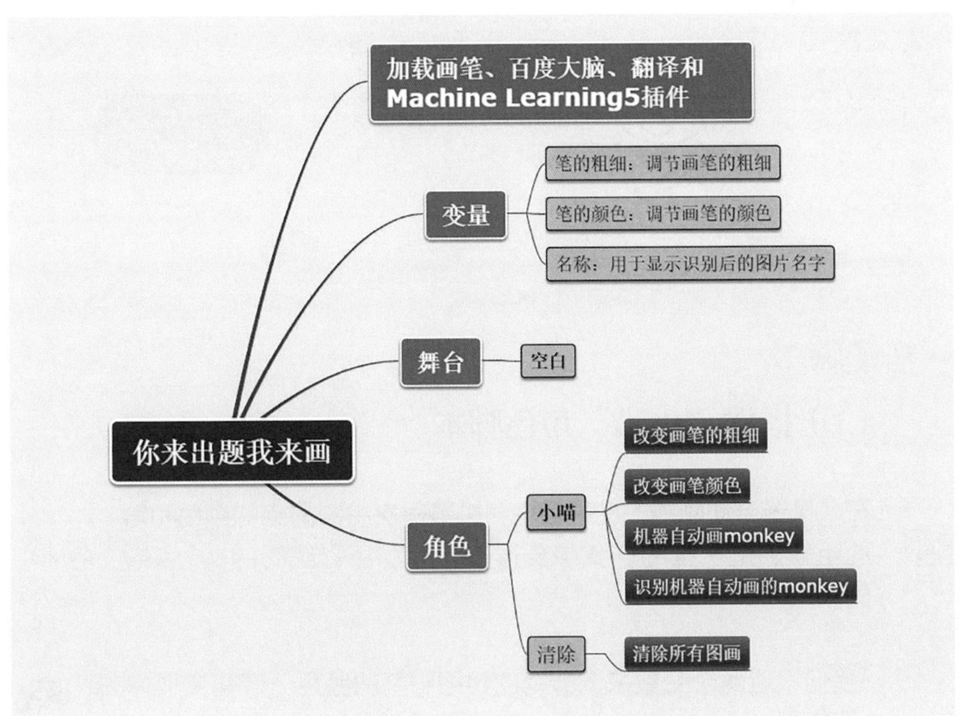

- **创建背景和角色**

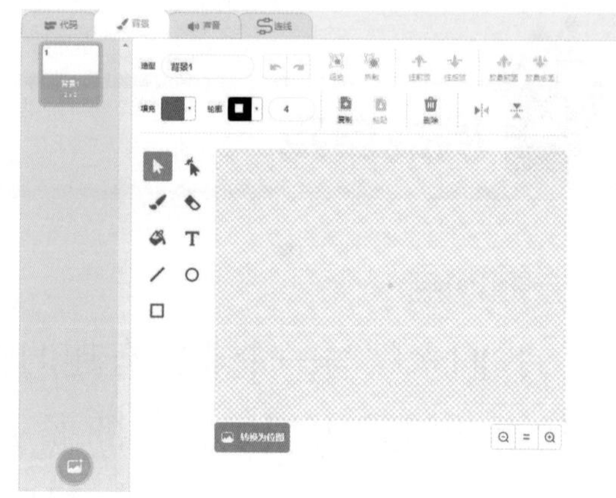

先来创建舞台。无需添加任何背景，使用空白背景。如右图所示：

接着来创建角色。使用默认的“小猫”角色，并将角色名称修改为“小喵”，将小喵隐藏。点击角色列表右下角的“选择一个角色”按钮，在弹出的列表中选择“button2”角色，并在其上添加文本“CLEAR”。如下图所示：

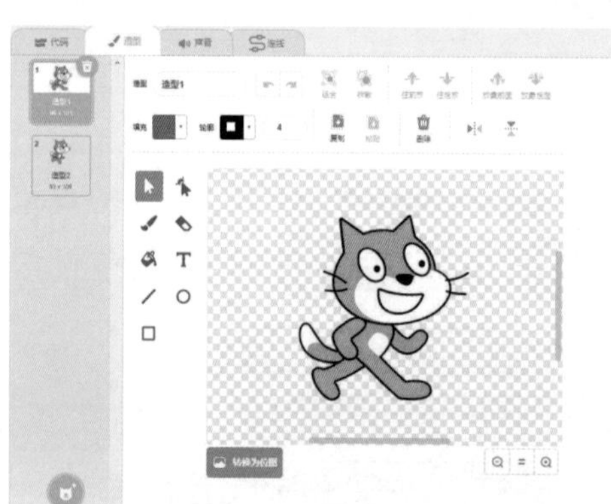

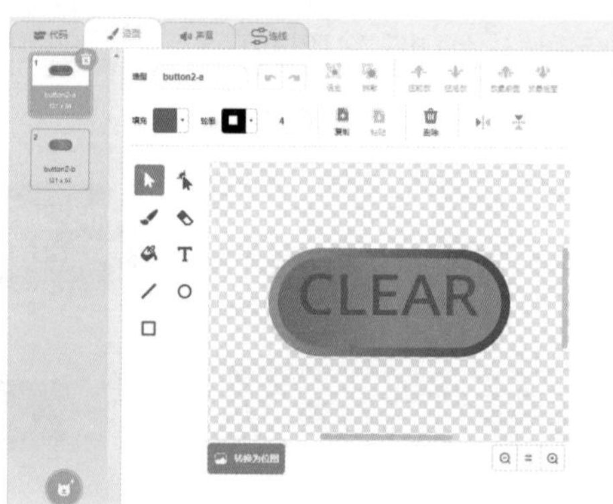

- **搭建脚本**

（1）搭建“小喵”角色脚本

在“机器自动画猫”的项目中，机器每次绘制的猫的颜色和笔的粗细都是一样的。我想要形态各异、色彩缤纷的monkey画作。

我们设置两个变量来调节笔的粗细和笔的颜色，轻松实现你的目标。

建立的变量如下图所示：

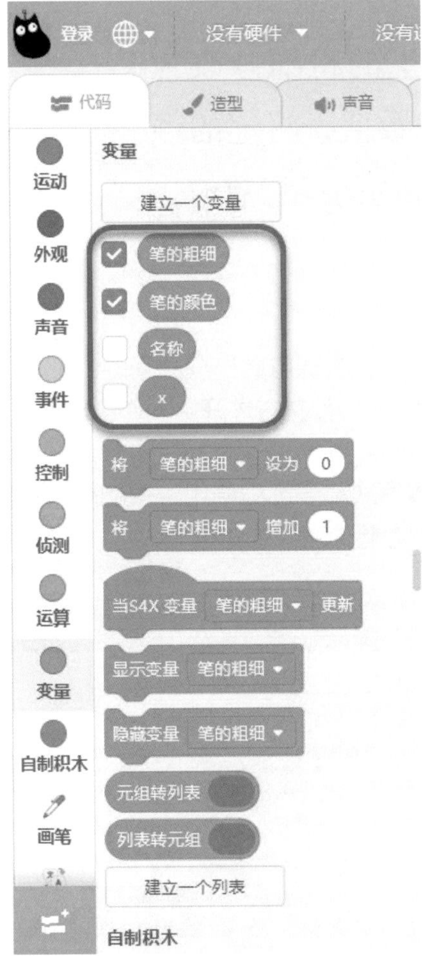

在舞台上显示选择的变量，右键单击会出来一个列表，选择“滑杆”。如下图所示：

出现滑杆以后，继续右键单击，可以出现“改变滑块范围”选项，将笔的粗细修改为1～25内的任意数值，将笔的颜色修改为1～100内的任意数值。

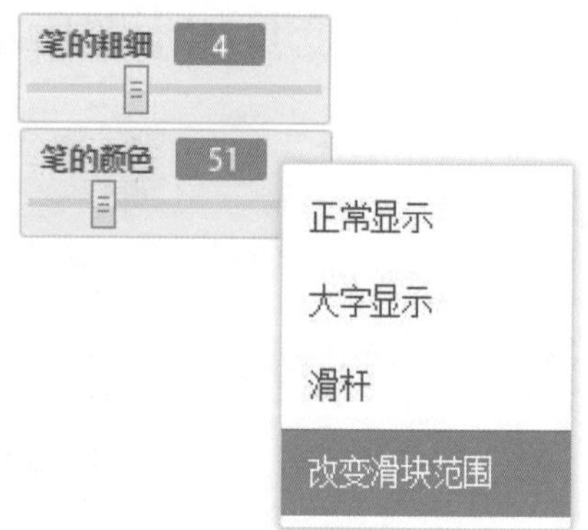

我发现了一个关于机器自动作画的问题，那就是当我们按下空格键后大概要等5～10秒左右才开始创作画作。

这是因为脚本每次都要远程调用谷歌的服务器，需要一定的等待时间。这也是考验你耐心的时候。

角色	脚本	预期效果
	当按下 空格 键 涂鸦RNN 初始化 monkey 将笔的粗细设为 笔的粗细 将笔的 颜色 设为 笔的颜色 涂鸦RNN 绘画 画笔 Pen	当按下空格键，把“monkey”这个单词给涂鸦RNN，调节笔的粗细和笔的颜色，涂鸦RNN自动绘制一只它“心中”的monkey

我们来做一个有趣的测试，就是将机器自动画出的“monkey”用于机器学习中的“图像分类器-预测”，看看会把这只“monkey”识别成什么。

在“看图识物大百科”中已经明确了机器识别的图片是我们生活中常见的、真实的、非卡通图片，而且图片背景要保证干净。不过，还是要满足一下你的好奇心。

角色	脚本	预期效果
	当按下 1 键 设置服务器 baidu 图像分类器加载 MobileNetLocal 等待 1 秒 将 名称 设为 将 图像分类器 预测 译为 中文(简体) tts人物 度小宇 tts文字转语音 名称	当按下数字1键，图像分类器加载MobileNetLocal，等待1秒，新建变量“名称”。将“图像分类器 预测”的结果进行翻译，同时将“名称”设定为应该翻译的文字，朗读翻译后的名称

增加一个“清除”按钮，将机器绘制的画作清除，不然每次画的时候都要重叠了。

这个任务很简单，参照以前的任务就可以了。

（2）搭建“清除”角色脚本

角色	脚本	预期效果
CLEAR	当角色被点击 全部擦除	当角色被点击的时候，清除舞台上的所有图像

把人类涂鸦的画作进行序列编码，并用这些画作来训练神经网络，完成训练后，涂鸦RNN就掌握了绘制某个特定图案的“规律”。现在涂鸦RNN的应用还比较局限，我们期待未来人工智能真的能进行艺术创作。本项目中，机器画出了不同的“monkey”，第一只“monkey”被识别成了“哨”，第二只“monkey”被识别成了“安全别针”。效

果如下图所示：

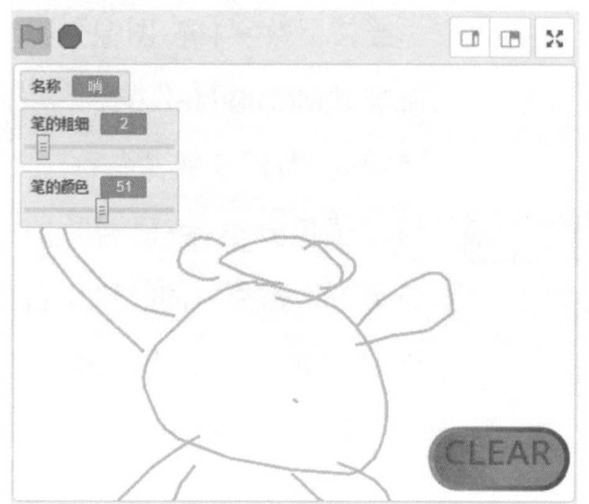

拓展练习

（1）优化绘画板

通过鼠标点击的方式，提前选择画笔的颜色和画笔的粗细，然后再让AI去绘制“monkey”。

（2）试一试绘制其他动物

试一试用涂鸦RNN绘画自动绘制“ant”“bear”等动物。

糖果能量站

人工智能能处理各种各样的数据，例如文本、图像、声音等。“猜画小歌”背后的技术主要是计算机视觉和神经网络，由来自Google AI的神经网络驱动。神经网络是一种模仿人类和动物神经元结构的人工智能算法，它可以快速地处理分类和递归问题。人类的神经元通过信号通路来传递信号，会对其他神经元传递来的信号进行解析，超过敏感阈限的做处理，而未超过的则不做处理。科学家借鉴了人类的神经元结构，设计了人工智能神经网络，神经网络中的感知机将每一个输入乘以一定的权重，神经元会使用激活函数对所输入的结果进行加工，然后输出结果。感知机有输入和输出两层，如果中间有更多的像网络一样的感知机，我们称之为神经网络算法。如果神经网络算法中有多个隐蔽层，我们就将其称为深度学习。

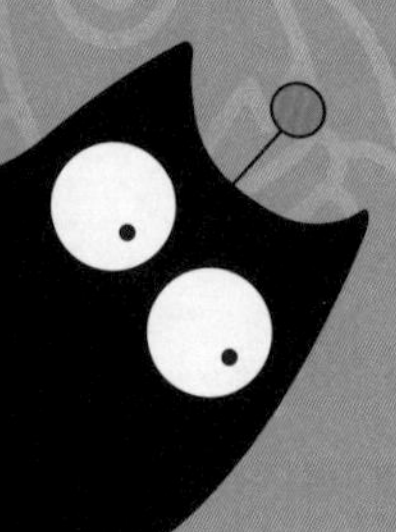

18 练练剪刀石头布

果果、可可对糖果小镇的人工智能技术已经有了初步的了解，这是令人兴奋的事情。可是今天果果心情有点不好，垂头丧气，没有精神，这已经是他第三天单独打扫房间了。原来果果和可可打了一个赌，玩剪刀石头布游戏，谁输了谁打扫房间。本来果果是很有信心的，在班里他可是这方面的高手，可是一遇到可可，他便没有了当初的气势，无论三局两胜还是五局三胜，他总是差那么一点。没办法，既然输了，就只好打扫房间了。

打扫完房间，果果找到了小喵："有什么办法能帮我练一练玩剪刀石头布？"

"这还不简单，找电脑，每天练上一百次，准能成为高手”小喵微笑地说。

“这是个好主意，做一个玩剪刀石头布的游戏，不停练习，一定会提高胜率的。”果果的心情顿时好了起来。

小喵科技站

添加视频侦测和机器学习插件，与前文的操作相同，此处不再赘述。在小喵科技站里主要来了解机器学习插件中特征提取积木的功能和使用方法。

小知识

在Kittenblock中，通过加载Machine Learning5模块，可以使用KNN模型将一定数量的摄像头实时图像或者图片的特征提取出来，并进行归类。特征提取是计算机视觉和图像处理中的概念。它指的是使用计算机提取图像信息，决定每个图像的点是否属于一个图像特征。特征提取的结果是把图像上的点分为不同的子集，这些子集往往属于孤立的点、连续的曲线或者连续的区域。

积木描述具体如下表所示：

机器学习的特征提取积木表

积木	积木描述
初始化 特征提取器	初始化特征提取器

续表

积木	积木描述
KNN 添加特征 ( ) 标签 rock	添加特征到标签，可以是物体或颜色
特征提取	特征提取的结果，可以作为变量显示在舞台中
KNN 分类清除	KNN分类清除，在脚本中如果特征提取时出现意外，可以清除后重新提取，否则错误的样本会导致错误的结果
KNN 保存模型	KNN保存模型，特征提取后，可以将结果保存在文件中，点击后根据提示进行保存
KNN 保存模型	KNN加载模型，如果有已保存的模型，可以不经过特征提取直接加载模型

小试牛刀

• 物品特征提取

KNN是一种简捷有效的算法，也称为近邻算法，无须知道样本分布，适合增量学习，分类准确率比较高。在计算机的“眼里”，每张图片都可以提取一个特征码，通过机器学习的模型可以将不同物体识别出来。通过摄像头多次采集照片，就可以达到“学习”的效果，模型训练越多越强壮，特征越容易识别。我们首先拿剪刀和笔来试一试。先使用默认的白色背景。使用默认的“小猫”角色，将角色名称修改为“小喵”，将小喵在舞台隐藏。然后选中“小喵”角色，开始编写脚本。按下空格键，初始化特征提取器，首次运行必须初始化。脚本如右图所示：

等待特征提取器初始化完成后，选中“小喵”角色，编写脚本。开启视频，设置视频透明度为0。出示剪刀（笔），通过循环，采集20张图片。提取需要使用“KNN添加特征”“特征提取”标签“剪刀”（“笔”）命令。理论上采集图片数量越多，识别效果越精确。脚本如下图所示：

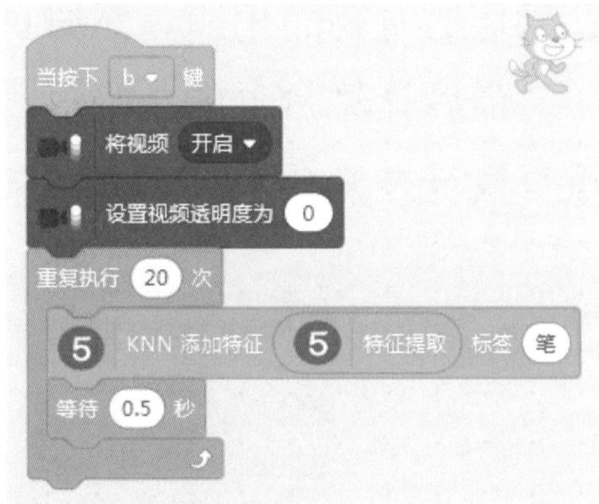

剪刀和笔的特征采集过程中，一定要多变化几个角度，这样在识别的过程中准确率才会高。采集过程如下：

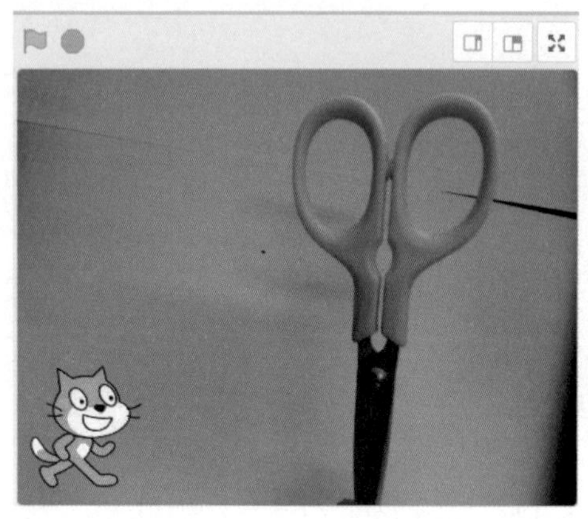

继续选中“小喵”角色，编写脚本。如果在拍照过程中采集错误，或者有其他物品进入摄像头，或者忘记在摄像头窗口放入物体，都会导致识别有误。按下d键可以清除图片，清除后需要重新操作所有物品拍照，然后重新采集。如右图所示：

最后让舞台上的小喵显现出来。当绿旗被点击的时候，重复执行在舞台上显示识别结果。

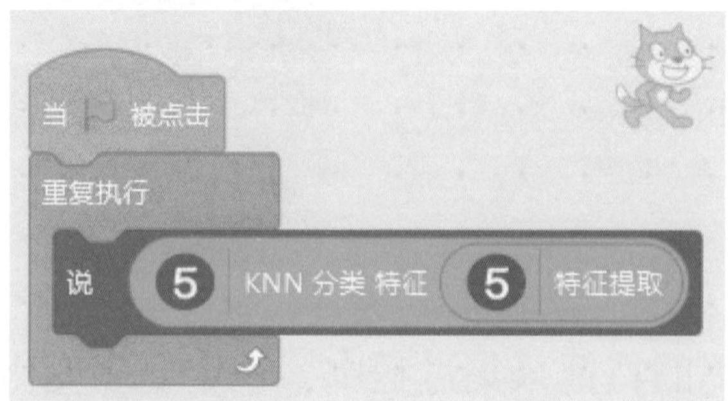

一个简单的物品特征提取并识别脚本编写完了。本项目仅可以用于识别剪刀与笔，如果想识别其他物体，只要把 5 KNN 添加特征 5 特征提取 标签 无样本 对应的标签更改下即可。

效果如下图所示：

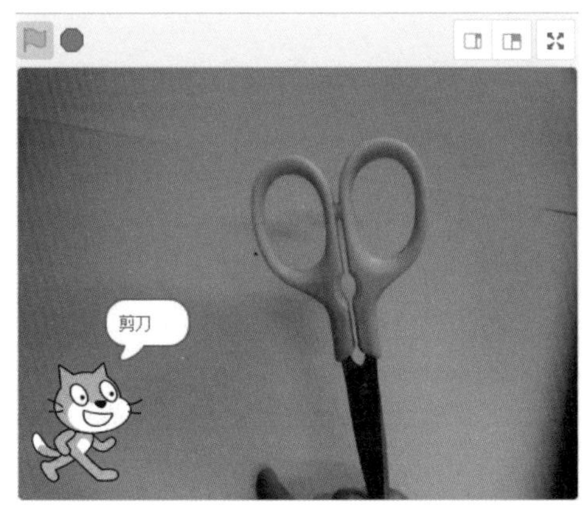

- **颜色特征提取**

我们识别颜色和不同物品时，首先想到的是这是两个不同的领域。但是对于机器学习的特征提取器来说，仍要先将图片的特征提取出来并进行归类。提前准备红、绿、蓝三色卡纸进行颜色的采集。下面我们一起开启颜色特征提取和识别之旅。先使用默认的白色背景，选中默认的“小猫”角色，将角色名称修改为“小喵”，将小喵在舞台隐藏。然后选中“小喵”角色，开始编写脚本。当按下空格键，初始化特征提取器。脚本如右图所示：

继续选中“小喵”角色，编写脚本。开启视频，设置视频透明度为0。舞台上显示“现在开始采集红色，按下任意键后，放置红色卡纸。”按下任意键后，通过循环，采集20张红色卡纸，提取需要使用“KNN添加特征”“特征提取”标签“红色”命令，提取过程中可以变化角度，以提高识别率。用同样的方法采集绿色和蓝色特征。脚本如下图所示：

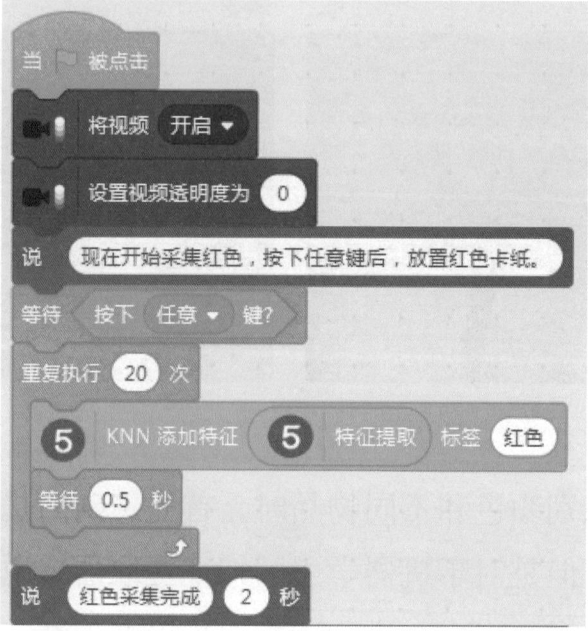

```
当 ⚑ 被点击
将视频 开启 ▾
设置视频透明度为 0
说 现在开始采集红色，按下任意键后，放置红色卡纸。
等待 按下 任意 ▾ 键?
重复执行 20 次
    5 KNN 添加特征 5 特征提取 标签 红色
    等待 0.5 秒
说 红色采集完成 2 秒
```

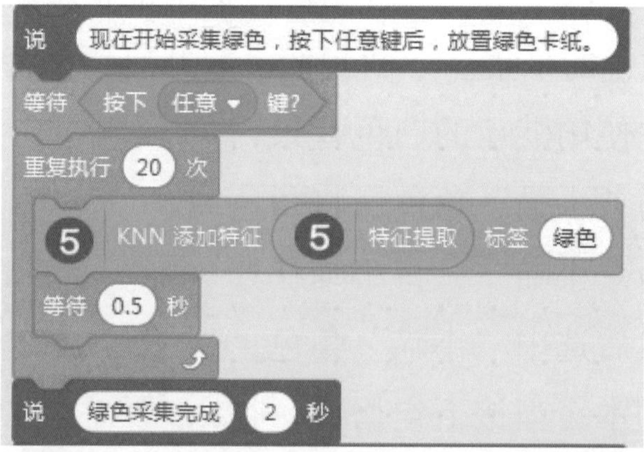

```
说 现在开始采集绿色，按下任意键后，放置绿色卡纸。
等待 按下 任意 ▾ 键?
重复执行 20 次
    5 KNN 添加特征 5 特征提取 标签 绿色
    等待 0.5 秒
说 绿色采集完成 2 秒
```

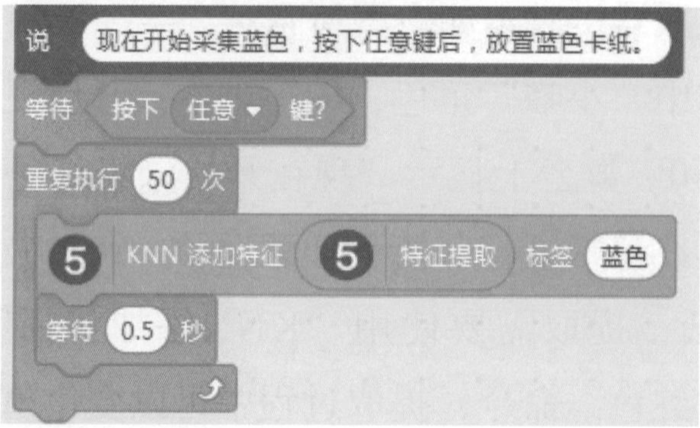

```
说 现在开始采集蓝色，按下任意键后，放置蓝色卡纸。
等待 按下 任意 ▾ 键?
重复执行 50 次
    5 KNN 添加特征 5 特征提取 标签 蓝色
    等待 0.5 秒
```

红、绿、蓝颜色采集过程中，取景窗口内不要有其他颜色。采集过程如下：

按下d键，可以清除采集的颜色，然后重新采集。如下图所示：

最后让舞台上的小喵显现出来，当绿旗被点击的时候，重复执行在舞台上显示颜色识别结果。如下页图所示：

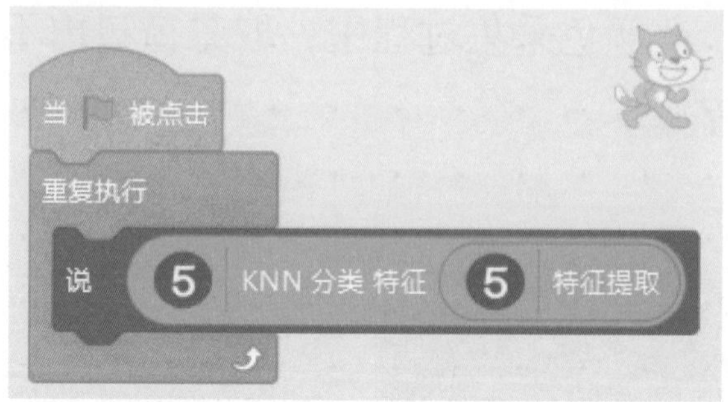

颜色特征提取和识别的底层技术依靠TensorFlow实现，此特征提取器采用了KNN模型。本项目提取了红、绿、蓝三原色，如果要识别其他的颜色，需要修改 5 KNN 添加特征 5 特征提取 标签 无样本 后面对应的标签。效果如下图所示：

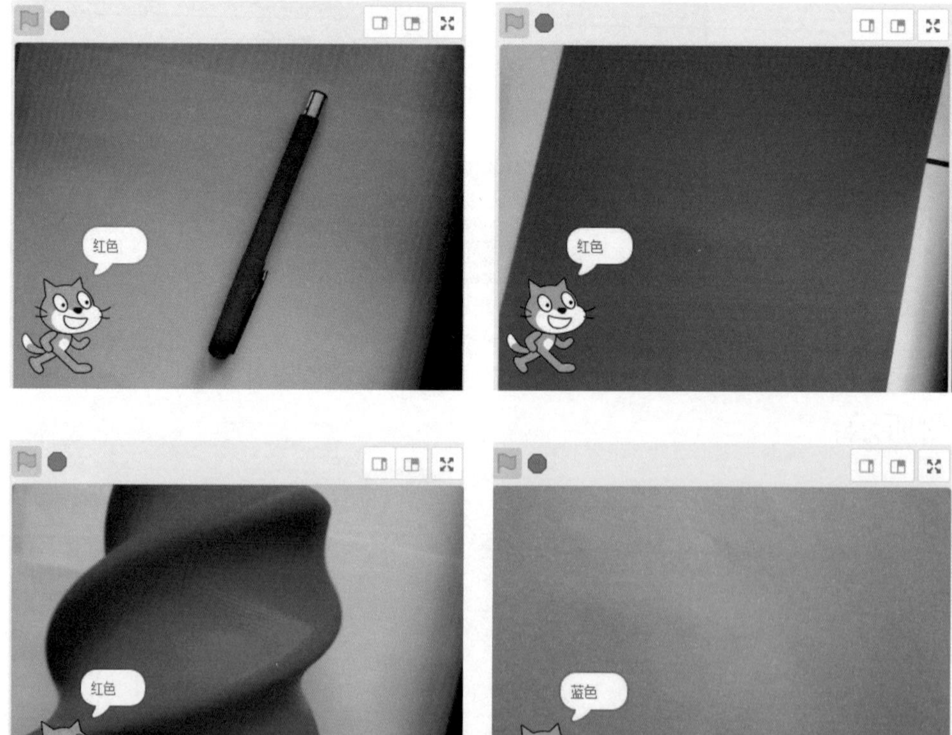

- **保存训练好的模型**

机器学习的底层技术实际上使用了谷歌的学习框架TensorFlow。TensorFlow的脚本保存，如果只是点了软件上的保存，仅仅保存了脚本，而没有保存TensorFlow的训练数据和得出的模型结果。因此需要 5 KNN 保存模型 积木对模型的权重和拓扑结构进行保存。

点击 5 KNN 保存模型 积木后，训练后的颜色特征模型就会保存到“.json”文件内部，如下图所示：

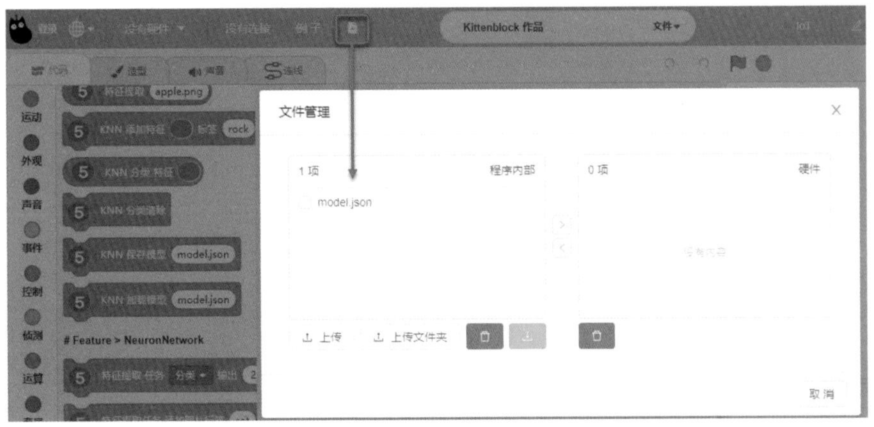

如需在其他程序文件中使用，勾选文件，点击下载，在其他程序文件的文件管理器中上传该“.json”文件即可。

保存模型后，下次使用颜色模型的时候，就不需要重新训练了，省时省力。后面每次加入新样本又继续保存，长时间的积累会使机器模型越来越强壮，各种可能性的样本的增加，使模型的适应性更好。测试效果如下图所示：

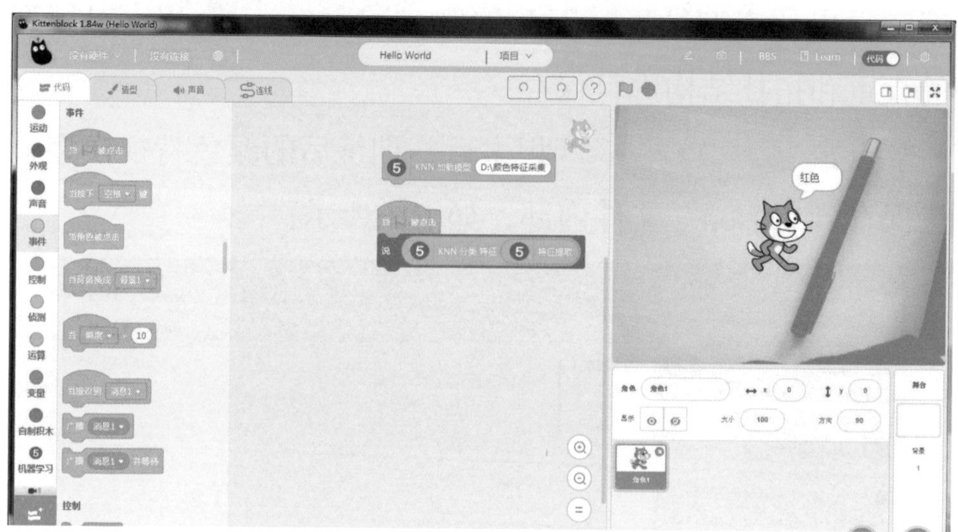

挑战自我

• 思维向导

我们一起来编写一个练练剪刀石头布游戏脚本。开始前先加载Machine Learning5、视频侦测插件，初始化特征提取器。 当点击“手势学习”后，根据提示，在10秒内出示手势，变化不同角度，依次提取剪刀、石头、布的手势。提取完毕，开始比赛，倒计时3秒，机器会根据提取的剪刀、石头、布的特征出示能赢的图片。例如特征提取到“剪刀”，机器就会出“布”。

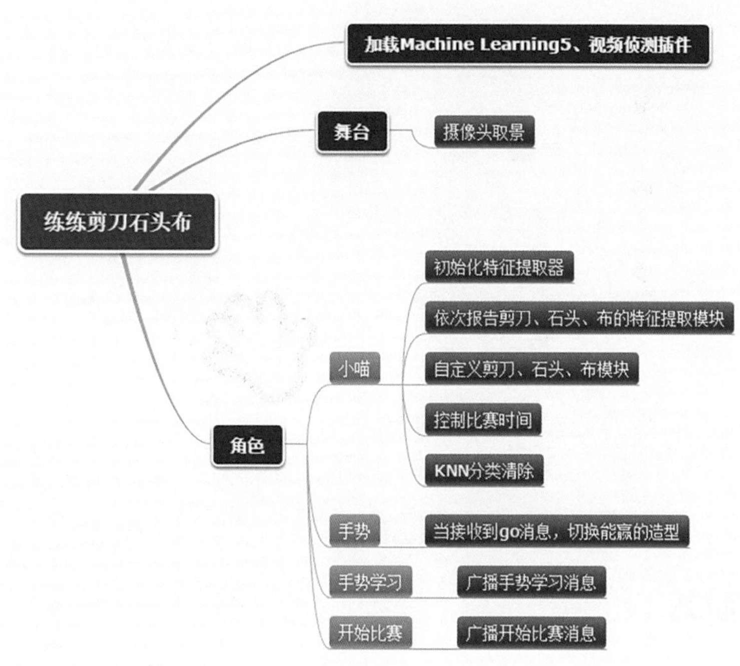

- **创建背景和角色**

先来创建舞台。为了确保采集图片的准确性，尽量使用空白的舞台。接着来创建角色。单击“绘制”，分别绘制“手势学习”和“开始比赛”角色作为按钮。

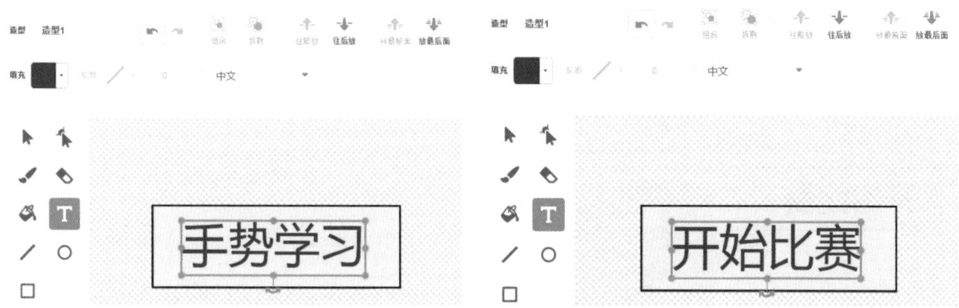

继续上传“剪刀”角色，修改角色名称为“手势”，再添加“石头”和“布”的造型。

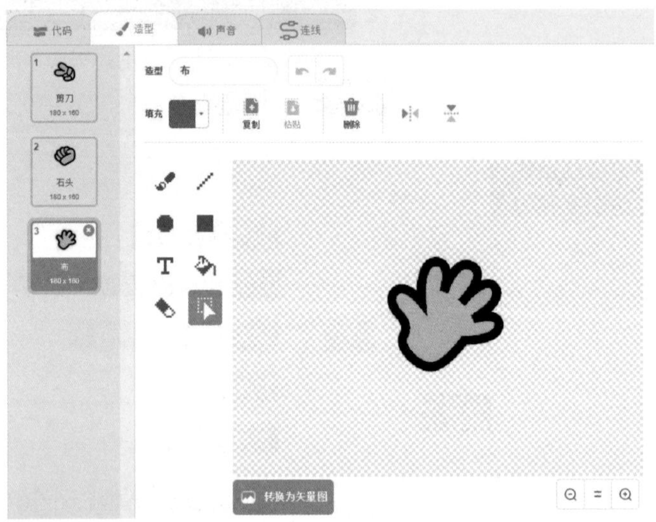

- **搭建脚本**

开始“学习”吧，我都快等不及了。

你可真是“猫急”，先要通过广播对脚本进行较好的控制。

角色	脚本	预期效果
手势学习	当角色被点击 广播 手势学习	当角色被点击，广播“手势学习”，小喵接收到消息，执行手势学习的脚本
开始比赛	当角色被点击 广播 开始比赛	当角色被点击，广播“开始比赛”，小喵接收到消息，执行开始比赛的脚本

下面我们该做些什么？还有什么要注意的吗？

首先一定要先初始化特征提取器，点击一下即可，然后把视频打开，透明度最好设置得低一点。我们以采集剪刀手势为例，在提示之后，按空格开始，脚本循环10次，循环的过程中对着摄像头做出剪刀的手势，为了提升准确度，需要让“剪刀”变化不同的角度。接下来，按照采集剪刀的方法，再采集石头和布就可以了。采集的数据如果有错误，需要执行“KNN分类清除”；如果采集的数据以后还要使用，也可将数据保存，下一次使用时加载模型就可以了。

看来也不难，我们试一试吧。

角色	脚本	预期效果
	当接收到 手势学习 将视频 开启 设置视频透明度为 0 剪刀特征提取 石头特征提取 布特征提取	开启视频，设置透明度为0。依次调用“剪刀特征提取”“石头特征提取”“布特征提取”三个自定义模块。
	定义 剪刀特征提取 说 现在采集剪刀手势，请在十秒内多次出示剪刀手势。按空格键开始！ 3 秒 等待 按下 空格 键? 重复执行 10 次 　5 KNN 添加特征 5 特征提取 标签 剪刀 　等待 0.5 秒 说 剪刀手势采集完成 2 秒	自定义模块，用于采集剪刀手势。先提示采集手势开始，按空格键继续，然后重复10次，每次采集一个手势，采集时使用“KNN添加特征”“特征提取”标签“剪刀”命令

续表

角色	脚本	预期效果
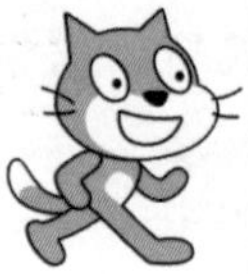	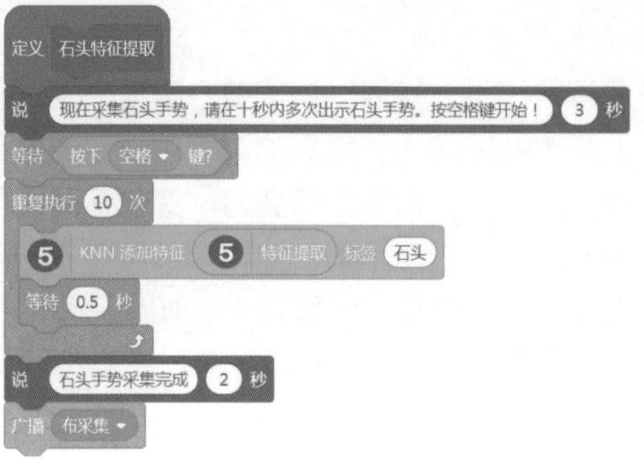 定义 石头特征提取 说 现在采集石头手势，请在十秒内多次出示石头手势。按空格键开始！ 3 秒 等待 按下 空格 键? 重复执行 10 次 5 KNN 添加特征 5 特征提取 标签 石头 等待 0.5 秒 说 石头手势采集完成 2 秒 广播 布采集	自定义模块，用于采集石头手势
	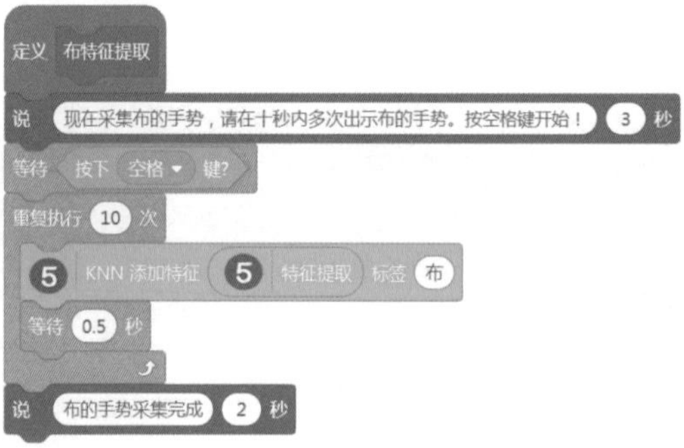 定义 布特征提取 说 现在采集布的手势，请在十秒内多次出示布的手势。按空格键开始！ 3 秒 等待 按下 空格 键? 重复执行 10 次 5 KNN 添加特征 5 特征提取 标签 布 等待 0.5 秒 说 布的手势采集完成 2 秒	自定义模块，用于采集布手势

采集剪刀、石头、布的过程如下：

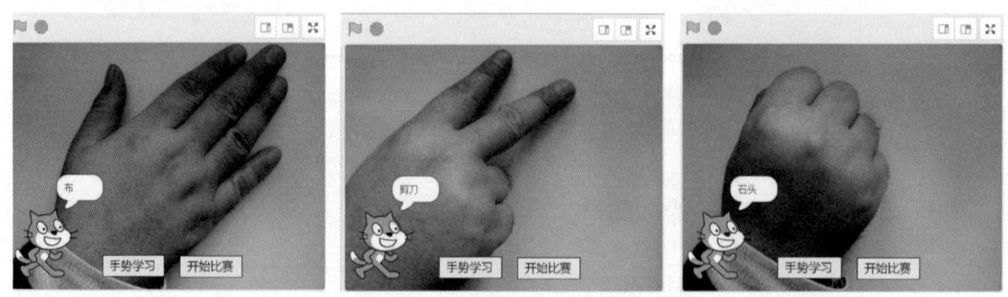

如果接收到了“开始比赛”消息，是不是马上就能比赛了？

比赛往往需要计时，我们编写的脚本也不例外。

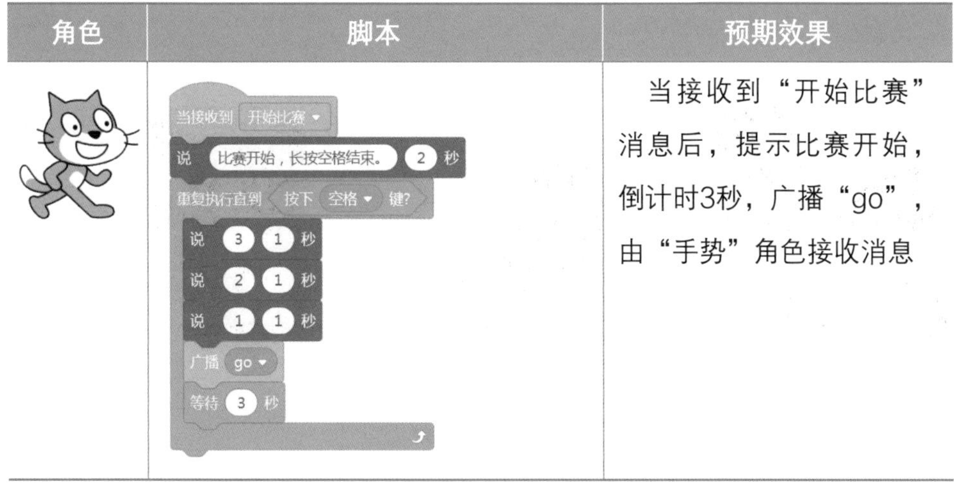

角色	脚本	预期效果
	当接收到 开始比赛 说 比赛开始，长按空格结束。 2 秒 重复执行直到 按下 空格 键? 说 3 1 秒 说 2 1 秒 说 1 1 秒 广播 go 等待 3 秒	当接收到“开始比赛”消息后，提示比赛开始，倒计时3秒，广播“go”，由“手势”角色接收消息

人机对战的“剪刀石头布”游戏马上就编写完了，让果果、可可和机器大战一场，看看谁赢谁输。

不过，这个机器可是很厉害啊，你永远都赢不了，想一想这是为什么呢？

角色	脚本	预期效果
	 当接收到 手势学习 隐藏	当接收到“手势学习”消息，隐藏手势角色
	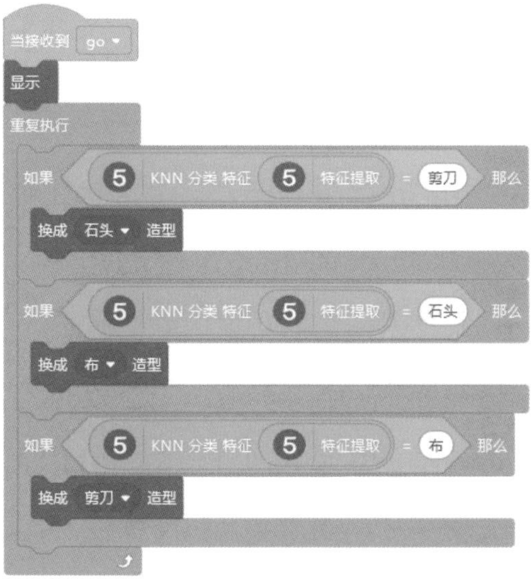 当接收到 go 显示 重复执行 如果 5 KNN 分类 特征 5 特征提取 = 剪刀 那么 换成 石头 造型 如果 5 KNN 分类 特征 5 特征提取 = 石头 那么 换成 布 造型 如果 5 KNN 分类 特征 5 特征提取 = 布 那么 换成 剪刀 造型	当接收到“go”消息，显示手势角色。重复执行，如果特征提取为剪刀，就换成石头造型；如果特征提取为石头，就换成布造型；如果特征提取为布，就换成剪刀造型

效果如下图所示：

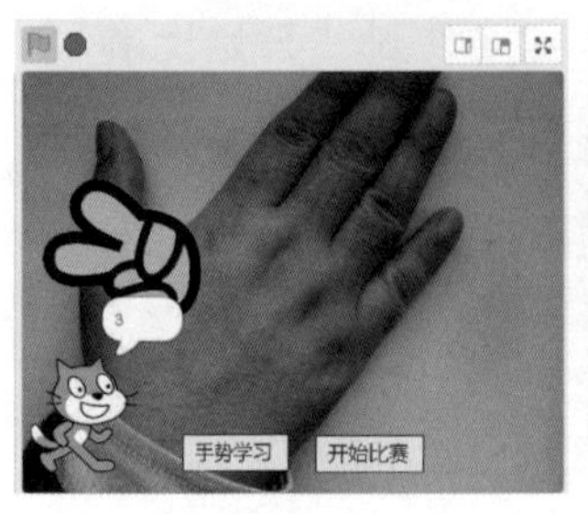

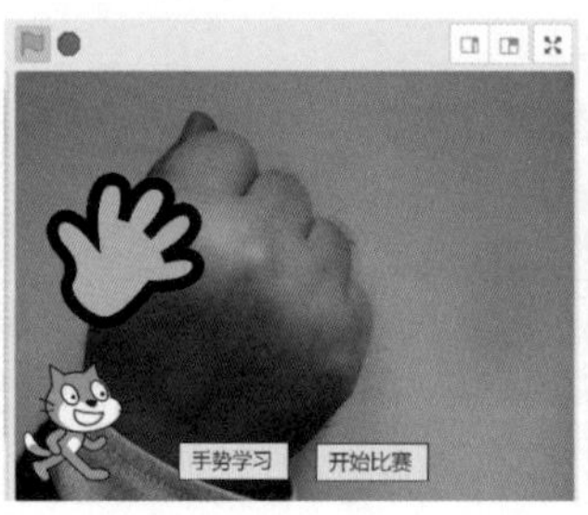

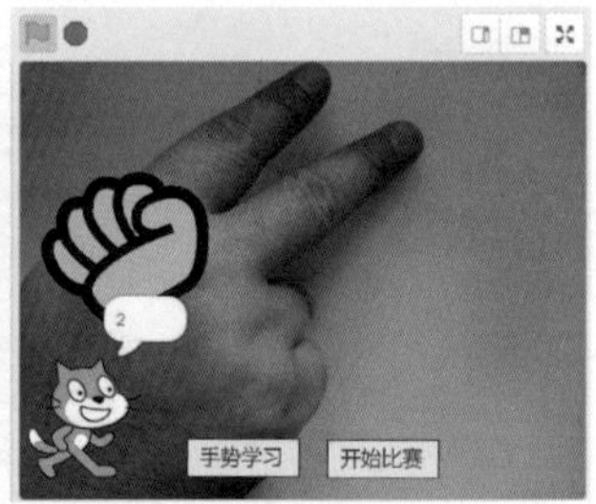

拓展练习

（1）判定胜负

为脚本添加新脚本，每一次出手势之后，判断胜负，同时给机器或人的胜方计分。

（2）机器赢不了

将项目修改一下，让机器永远赢不了。

糖果能量站

模式分类是人工智能非常重要的一部分，它依赖于大数据，但单纯依靠大数据，硬件负荷会过大。通过人工神经网络、贝叶斯分类、KNN分类等技术可以有效提高效率，节约资源。KNN算法也称最近邻分类算法，是数据挖掘分类技术中最简单的方法之一，意思是每个样本都可以用与它最接近的k个邻近值来代表。通俗地说，KNN算法的主要内容是：如果一个样本在特征空间中的k个最相似的样本中的大多数属于同一个类别，则该样本就属于这个类别。目前KNN算法已经在图像分类、文字识别等领域得到广泛应用，成为人工智能领域一项重要的技术。